Perfekte Bewerbungsunterlagen für Führungskräfte

Christian Püttjer und **Uwe Schnierda** kennen die Wünsche und Hoffnungen, aber auch Sorgen und Nöte von Bewerberinnen und Bewerbern seit rund 20 Jahren. Ihre umfassenden Erfahrungen aus der Optimierung von Bewerbungsunterlagen, aus Einzelcoachings und aus Seminaren bringen sie in ihre praxisnahen Ratgeber ein, die exklusiv im Campus Verlag erscheinen. Die konkreten Tipps, die klare Sprache und die motivierende Unterstützung von Püttjer & Schnierda haben schon über einer Million Leserinnen und Lesern weitergeholfen.

PÜTTJER & SCHNIERDA

Perfekte Bewerbungsunterlagen für Führungskräfte

Anschreiben – Lebenslauf – Leistungsbilanz – Online-Bewerbung – Telefoninterview

Campus Verlag
Frankfurt / New York

Überarbeitete und aktualisierte Ausgabe des Titels *Die Bewerbungsmappe mit Profil für Führungskräfte.*

ISBN 978-3-593-39627-9

4., überarbeitete und aktualisierte Auflage 2012

Umschlagfoto: Becker Lacour, Frankfurt am Main
Gestaltung: hauser lacour, Frankfurt am Main
Satz: Typografie & Herstellung, Julia Walch, Bad Soden
Druck und Bindung: Beltz Druckpartner, Hemsbach
Gedruckt auf Papier aus zertifizierten Rohstoffen (FSC/PEFC).
Printed in Germany

Dieses Buch ist auch als E-Book erschienen.
www.campus.de

Inhalt

Unser Karrierecoaching: Wie können Sie davon profitieren?

Wir sind uns schon jetzt sicher, dass Sie viel zu bieten haben. Aber in Auswahlverfahren ist es so, dass nicht derjenige oder diejenige zum Vorstellungsgespräch eingeladen wird, der am besten geeignet ist, sondern die Führungskraft, die sich am besten darstellen kann. Diesen Zustand können Sie bedauern, ändern können Sie ihn aber genauso wenig wie wir. Was Sie aber ändern können, ist die schriftliche Darstellung Ihrer individuellen Kenntnisse und Fähigkeiten und vor allem Ihrer vielfältigen und umfangreichen Erfahrungen.

Begeisterung am Handeln vermitteln

Wir sind in unseren Karrierecoachings immer wieder begeistert davon, wie viel gestandene oder künftige Führungskräfte zu bieten haben. Den wenigsten geht es darum, sich bloß formal mit Titeln wie Manager, Gruppenleiter, Projektleiterin, Abteilungsleiterin, Senior Manager, Hauptabteilungsleiter, Bereichsleiterin, Niederlassungsleiter, Geschäftsführerin, Managing Director, Vorstand, CFO (Chief Financial Officer), CIO (Chief Information Officer) oder CEO (Chief Executive Officer) zu schmücken.

Was Führungskräfte vielmehr auszeichnet, ist allgemein gesprochen eher die Begeisterung daran, Ideen in Handlungen umzusetzen. Unserer Beobachtung nach ziehen Führungskräfte ihre persönliche Befriedigung an der Arbeit daraus, täglich aufs Neue zu überzeugen, zu gestalten, aufzubauen oder zu optimieren. Und wenn es gelingt, diese Antriebsmomente in Form der richtigen Einstellungsargumente mit den Bewerbungsunterlagen zu verdeutlichen, kommt es zu den erwünschten Einladungen zu Vorstellungsgesprächen.

Vom guten zum exzellenten Bewerber

So selbstverständlich es sein sollte, dass Führungskräfte bereits mit der Bewerbungsmappe ihren außerordentlichen Leistungswillen dokumentieren, so ernüchternd ist jedoch die Praxis. Die Personal- und Fachverantwortlichen in den Firmen, die Entscheider »on top« wie Geschäftsführer, Niederlassungs- oder Bereichsleiter oder die beauftragten externen Personalberater suchen schließlich nicht bloß gute Bewerber, sondern exzellente Leistungsträger. Häufige Kritikpunkte, die zu einer Absage führen, sind grob gesprochen eher allgemein gehaltene Anschreiben, durchschnittliche

Standardlebensläufe, unklare Vorstellungen und insbesondere fehlende Einstellungsargumente. Dabei steckt der Teufel natürlich immer im (Bewerbungs-)Detail. Die meisten Bewerber versuchen sich mehr schlecht als recht durch die für sie anscheinend unangenehme Pflicht der Selbstdarstellung in Schriftform zu mogeln. Ein passgenaues, stärkenorientiertes und glaubwürdiges Profil lässt sich auf diese Weise aber nicht vermitteln.

Ihre Stärken und unsere Stärken

Aus unseren Coachings wissen wir, dass der gewünschte Bewerbungserfolg immer auch eine Frage der taktischen Selbstdarstellung ist. Nicht böser Wille, sondern mangelnde Erfahrung ist der Grund für die geschilderte Bewerbungsmisere. Schließlich bewerben sich Führungskräfte nicht jeden Tag, und Ihre Stärken liegen gewiss in anderen Arbeitsfeldern als in der professionellen Aufbereitung von Bewerbungsunterlagen. Wir dagegen erstellen und optimieren tagtäglich Bewerbungsunterlagen. Wir wissen, was Bewerberinnen und Bewerbern die größten Probleme bereitet, wie Unterlagen passgenau aufbereitet werden können und wie die kleinen Brüche, die sich im Werdegang so mancher Führungskraft finden lassen, geglättet und in ein besseres Licht gerückt werden können. Und an diesen Erfahrungen im täglichen und professionellen Karrierecoaching von Führungskräften möchten wir Sie gerne teilhaben lassen.

Viele Praxisbeispiele warten auf Sie

Sie werden schnell feststellen, dass es sich lohnt, den Bewerbungsmarathon mit einem optimalen Start zu beginnen. Viel zu viele Führungskräfte unterschätzen die Wirkung einer individuell aufbereiteten Bewerbungsmappe. Sie glauben, dass sie es mit den Unterlagen nicht ganz so genau nehmen müssten, denn schließlich verfügten sie über eine umfangreiche Berufserfahrung – die sie dann ja »nur noch« im Vorstellungsgespräch zu vermitteln hätten. Bei dieser Argumentation wird aber leider übersehen, dass Einladungen zum persönlichen Kennenlernen gar nicht erst ausgesprochen werden, wenn die Bewerbungsunterlagen nicht überzeugen. Liegt dann die zehnte Absage im Briefkasten, hat man sich unbedacht viele Türen auf einem engen Markt zugeschlagen – und das gerade im Bewerbungsprozess doch eher labile Selbstwertgefühl ist erst einmal beschädigt.

Damit Sie sich von Anfang an im vollen Bewusstsein Ihrer beruflichen Stärken präsentieren können, sollten Sie unser Insiderwissen im täglichen und professionellen Karrierecoaching von Führungskräften nutzen. Lassen Sie sich mithilfe der vielen Positivbeispiele, Praxistipps und Checklisten anschaulich zeigen, wie Sie

→ **die sieben Kernkompetenzen, die Führungskräfte beweisen müssen, im Anschreiben und im Lebenslauf verdeutlichen,**

→ **die Wirkung Ihrer Einstellungsargumente mit unseren Coachingtipps nachhaltig steigern,**

→ **die Anforderungen in Stellenanzeigen erkennen,**

→ **plausible Belege für Ihre Führungskompetenz, Ihre fachlichen Kenntnisse und Ihre persönlichen Fähigkeiten finden,**

→ **überzeugende Anschreiben verfassen,**

→ **strukturierte und aussagekräftige Lebensläufe verfassen,**

→ **einen roten Faden in ihrer beruflichen Entwicklung herausarbeiten,**

→ **Headhuntern und Personalberatern bei Bedarf Informationsgrenzen aufzeigen,**

→ **gute Bewerbungsfotos anfertigen lassen (freiwillig, AGG),**

→ **mit einer Leistungsbilanz Zusatzpunkte sammeln,**

→ **komplette Bewerbungsmappen sinnvoll zusammenstellen und per E-Mail oder Post versenden und**

→ **spezielle Fangfragen in sich anschließenden Telefoninterviews souverän beantworten.**

Bevor Ihr Coachingprogramm jetzt gleich startet, erfahren Sie, nach welcher Methode unsere Empfehlungen ausgerichtet sind: Wir möchten Ihnen die Püttjer & Schnierda-Profil-Methode® vorstellen.

Bewerben mit der Püttjer & Schnierda-Profil-Methode®

Gesichtslose Bewerber, die wie austauschbar erscheinen, machen es sich und den Unternehmen unnötig schwer, zueinander zu finden. Machen Sie es besser: Sie werden im Bewerbungsverfahren positiv auffallen, wenn Sie Ihr Profil aussagekräftig und glaubwürdig vermitteln können. Die Profil-Methode®, die wir in unserer rund 20-jährigen Beratungspraxis entwickelt haben, hat schon vielen Bewerbern zu mehr Erfolg verholfen (www.karriereakademie.de).

Drei Kernelemente kennzeichnen die Profil-Methode®: Punkten Sie mit einer passgenauen Bewerbung, vermitteln Sie Ihre Stärken und treten Sie glaubwürdig auf.

1. Passgenauigkeit

Je besser Sie in Ihrer Bewerbung auf die Anforderungen einer Stelle eingehen, desto höher ist Ihre Erfolgsquote. Machen Sie sich den Blick der Firmenseite zu eigen. Liefern Sie nachvollziehbare Argumente, warum Sie sich gerade für diese Position und diese Firma entschieden haben. So wird Ihre Bewerbung passgenau.

2. Stärkenorientierung

Niemand lässt sich durch Krisen- und Problemschilderungen von etwas überzeugen – auch Unternehmen nicht! Verzichten Sie deshalb auf Selbstkritik und Abwertungen und stellen Sie stattdessen Ihre Vorzüge in den Mittelpunkt Ihrer Bewerbung. So werden Ihre Stärken sichtbar.

3. Glaubwürdigkeit

Verbiegen Sie sich nicht im Bewerbungsverfahren, Ihre Persönlichkeit ist gefragt! Verstecken Sie sich nicht hinter Leerfloskeln und abstrakten Formulierungen, liefern Sie stattdessen nachvollziehbare Beispiele, die Ihre Bewerbung mit Leben füllen. So gewinnen Sie Glaubwürdigkeit.

Alle im Campus Verlag erschienenen Bewerbungsratgeber von Püttjer & Schnierda basieren auf der Profil-Methode®. Profitieren auch Sie vom Wissen der Experten. Nutzen Sie diesen Ratgeber dazu, sich Schritt für Schritt Ihr eigenes Profil klarzumachen und es Personalexperten, Headhuntern und den Entscheidern auf der Firmenseite nachvollziehbar zu vermitteln.

Strategie:
Sieben Kernkompetenzen,
die Führungskräfte beweisen müssen

An unserem Insiderwissen in Sachen Führungskräftecoaching möchten wir Sie gerne teilhaben lassen. Wir haben festgestellt: So unterschiedlich die Anforderungen bezogen auf die jeweilige Stelle, Branche und Unternehmensgröße auch sein mögen und so verschieden die geforderten Kompetenzen im Einzelfall gewichtet werden – es gibt aufseiten der Unternehmen eine große Übereinstimmung hinsichtlich der aktuellen Vorgaben, denen Führungskräfte genügen sollen. Beschreiben und unterscheiden lassen sich sieben Kernkompetenzen, die Sie kennen sollten.

Zu unserer eigenen Vorbereitung auf Coachings analysieren wir täglich Stellenausschreibungen für Führungskräfte, um letztendlich möglichst viele Schnittstellen zwischen den beruflichen Profilen unserer Kunden und den jeweiligen Stellenprofilen der ausschreibenden Unternehmen herauszuarbeiten. Daher war es für uns naheliegend, zu überlegen, welche der vielen unterschiedlichen Anforderungen an Führungskräfte Gemeinsamkeiten aufweisen. Schließlich hat eine aktuelle Systematisierung der Anforderungen in Kernkompetenzen auch für Sie den Vorteil, dass Sie nicht bei jeder einzelnen Anforderung, die Sie in Stellenausschreibungen entdecken, ganz von vorne damit beginnen müssen zu überlegen, worauf sie eigentlich abzielt.

Profitieren Sie vom Insiderwissen

Erleichternd für unseren Wunsch nach Systematisierung und Vereinfachung kam hinzu, dass viele unserer Kunden uns vor und nach Auswahlverfahren mit Insiderwissen in Form von kurzen Gedächtnisprotokollen, ausführlichen Powerpoint-Präsentationen oder umfangreichen Leitfäden zur Führungskräftegewinnung versorgten. Dieses kostbare Wissen, das wir selbstverständlich vertrauensvoll behandeln, hat seinen geistigen Ursprung in den an Auswahlprozessen beteiligten externen Personalberatungen und Headhuntern oder stammt direkt aus den firmeninternen Personalabteilungen renommierter Konzerne und innovativer Mittelständler.

Beschreiben und unterscheiden lassen sich diese sieben Kernkompetenzen, deren Ausprägung bei der Auswertung von Bewerbungsunterlagen, aber auch in Vorstellungsgesprächen, Assessment-Centern oder Management-Audits überprüft wird:

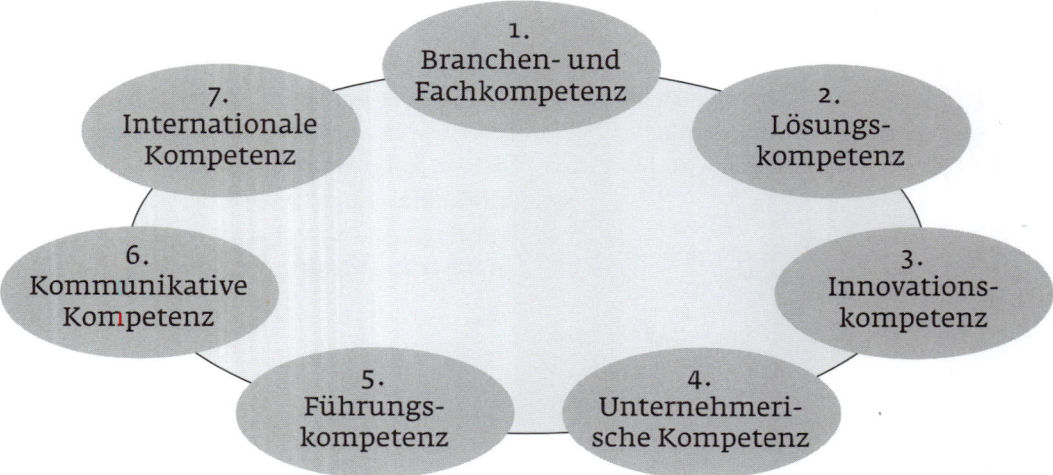

Theorie und Praxis der Leadership-Skills

Diese sieben Kernkompetenzen, denen Führungskräfte in unterschiedlicher Gewichtung genügen sollen, erheben selbstverständlich nicht den Anspruch auf wissenschaftliche Vollkommenheit. Die hier gewählte Rangfolge der sieben Kompetenzen variiert verständlicherweise von Unternehmen zu Unternehmen. Es gibt Überschneidungen zwischen den einzelnen Kernkompetenzen, sie sind teilweise unscharf und lassen sich nicht bis ins letzte Detail durchdefinieren. Auch die Hoffnung mancher »Personalexperten«, dass ein in Zahlen ausgedrückter Mindestpunktwert bezogen auf die einzelnen Kompetenzen oder ein Gesamtpunktwert bezogen auf alle Kompetenzen die Frage »Hat diese Kandidatin oder dieser Kandidat das Zeug zur Führungskraft?« endlich mit letzter Gewissheit beantworten könnte, wird sicherlich enttäuscht werden.

Schließlich ist es unter Personalberatern, Persönlichkeitspsychologen und Führungskräftecoaches längst unumstritten, dass es nicht einen allgemeingültigen Führungsstil, ein absolutes Führungsideal oder eine vollkommene Führungspersönlichkeit gibt. Wie im richtigen Leben, so gilt ebenso beim Thema Führung, dass Vielfalt ein Wert an sich ist. Unterschiedlich gelebte Unternehmenskulturen und unterschiedliche Aufgabenfelder benötigen glücklicherweise auch unterschiedliche Führungskräfte.

Steigern Sie Ihre Erfolgsquote

Uns, und sicherlich auch Ihnen, geht es an dieser Stelle denn auch weniger um exakte Wissenschaft als vielmehr um die Praktikabilität und Handhabbarkeit der aufgeführten Kernkompetenzen bei der Ausarbeitung Ihrer Bewerbungsunterlagen. Und diese von Ihnen gewünschte Praktikabilität leistet das Modell der sieben Kernkompetenzen mit Sicherheit. Schließlich erleben wir es in unserer Coachingpraxis täglich: Diejenigen Führungskräfte, die ihre Unterlagen so ausarbeiten, dass die sieben Kernkompetenzen, die Führungskräfte beweisen müssen, deutlich werden, werden signifikant häufiger zu Vorstellungsgesprächen eingeladen.

Daher werden wir Ihnen im weiteren Verlauf dieses Ratgebers immer wieder praxiserprobte Tipps und Hinweise dafür geben, wie Sie mit Ihren Anschreiben und Lebensläufen überzeugend belegen können, dass Sie über die geforderten sieben Kernkompetenzen verfügen.

Coaching:
Wie lässt sich die Wirkung Ihrer Einstellungsargumente steigern?

Regelmäßig erleben wir, dass Führungskräfte zwar hervorragende Arbeit leisten, aber wirklich Schwierigkeiten damit haben, ihr Engagement und ihre Erfolge in ihren Bewerbungsunterlagen taktisch darzustellen. Welche neun Fehler Sie auf jeden Fall vermeiden sollten und wie Sie es besser machen können, erläutern wir Ihnen anhand unserer neun wichtigsten Coachingtipps in diesem Kapitel.

Profitieren Sie von unseren neun wichtigsten Coachingtipps

Um mit unseren Coachingtipps effektiv zu arbeiten, empfehlen wir Ihnen, sie zunächst einmal gründlich zu lesen, um sie dann, bezogen auf Ihre eigenen Bewerbungsunterlagen, zu reflektieren und auf sich wirken zu lassen. Konkrete Beispiele zur Umsetzung der Coachingtipps finden Sie sowohl in den vollständigen Beispielbewerbungen als auch in den speziellen Kapiteln zu den Themen Anschreiben, Lebenslauf, Leistungsbilanz und Telefoninterview.

Coachingtipp 1:
Fokussieren Sie auf die künftigen Aufgaben!

Problematisch: Viele Führungskräfte beziehen sich in ihren Bewerbungsunterlagen zu stark auf ihre momentanen Aufgaben. Dies liegt daran, dass die aktuellen Aufgaben aus dem Tagesgeschäft oder auch aktuelle Projekte im Gedächtnis präsenter sind. Es kann dann aber der Eindruck entstehen, dass die Führungskraft auf die neuen Aufgaben nicht ausreichend vorbereitet ist.

Besser: Nehmen Sie die Stellenausschreibung zur Hand und arbeiten Sie die Schnittstellen zwischen künftigen Aufgaben und Ihren momentanen Aufgaben heraus. Sie sollten auch Erfahrungen aus Ihrer vorhergehenden Stelle aufzählen, wenn diese einen direkten Bezug zur neuen Stelle haben.

Coachingtipp 2:
Verdichten Sie Informationen!

Problematisch: Führungskräfte, die bereits in ihren Bewerbungsunterlagen sehr ausschweifend und umständlich formulieren, hinterlassen den Eindruck, dass sie auch im späteren Arbeitsalltag Schwierigkeiten damit haben werden, auf den Punkt zu kommen. Daher sind lange und verschachtelte Sätze in Anschreiben problematisch.

Besser: Gewöhnen Sie sich für das gesamte Bewerbungsverfahren an, mit Schlüsselbegriffen und Schlagworten stichwortartig zu informieren. Dies gilt schon für Ihre Anschreiben und Lebensläufe. Es geht darum, in die einzelnen Formulierungen mehrere berufs- und branchenspezifische Schlagworte einzubringen, um mit hoher Informationsdichte zu kommunizieren. Auf diese Weise wird für künftige Arbeitgeber deutlich, dass Sie komplexe Anforderungen verstehen, schnell denken und dazu strukturiert informieren können.

Coachingtipp 3:
Zeigen Sie sich engagiert!

Problematisch: Die von den Firmen gesuchten Führungskräfte sind im positiven Sinne nie zufrieden, sie wollen immer weiter optimieren und ruhen sich nicht auf Erreichtem aus. Wird dieses geforderte Engagement bei der Analyse der Bewerbungsunterlagen nicht deutlich, entsteht der Eindruck eines kraftlosen Bewerbers, der sich auf dem bisher Erreichten ausruhen will.

Besser: Sie setzen sich in der ersten Stufe des Bewerbungsverfahrens für Führungskräfte nur durch, wenn Ihre Macherqualitäten deutlich werden. Geben Sie Beispiele dafür, wie Sie bisher Veränderungen initiiert und Arbeitsprozesse optimiert haben und welche Ergebnisse Sie erzielt haben. Mit Ihrem Engagement machen Sie sich zum Wunschkandidaten.

Coachingtipp 4:
Strategien umsetzen!

Problematisch: Entsteht bei der Auswertung der Unterlagen der Eindruck, dass der Bewerber zwar von Strategien und Visionen spricht, diese aber mehr nach Phantasien und Wunschbildern klingen, sind von ihm die dazugehörigen Umsetzungsschritte nicht genügend thematisiert worden. Dann bekommt die Firmenseite Zweifel an seiner Umsetzungskompetenz.

Besser: Führungskräfte müssen bereits mit ihren Bewerbungsunterlagen klar machen, dass sie die strategische Klaviatur in der Praxis spielen können. Erst wenn Sie exemplarisch die Teilschritte einer gelungenen Strategie benennen, die ausgewählten Maßnahmen auflisten und die durchgeführte Erfolgskontrolle beschreiben, wirken Sie in Sachen Strategie kompetent.

Coachingtipp 5:
Konkretisieren Sie Ihren Führungsstil!

Problematisch: Als Führungskraft bekommen Sie eine erhebliche Verantwortung für die Mitarbeiter des Unternehmens eingeräumt. Daher sollten Sie Ihre Führungskompetenz in den Bewerbungsunterlagen nicht nur abstrakt und floskelhaft beschreiben (»Ich bin führungsstark und durchsetzungsfähig«). Sonst vermutet die Firmenseite, dass Sie sich lediglich mit der Theorie der Menschenführung und nicht mit dem praktischen Führungsalltag auskennen.

Besser: Geben Sie konkrete Beispiele aus Ihrem erfolgreichen Führungsalltag. Als junge Führungskraft können Sie sich auf Ihre Projekt(mit)verantwortung beziehen oder erläutern, in welchen Aufgabenbereichen Sie Ihren Chef vertreten haben. Als gestandene Führungskraft können Sie durch die Darstellung von ausgewählten beruflichen Erfolgen verdeutlichen, wie Sie Ihre Mitarbeiterinnen und Mitarbeiter produktiv und ergebnisorientiert eingesetzt haben.

Coachingtipp 6:
Nutzen Sie Gestaltungsspielräume!

Problematisch: Brüche in Lebensläufen sind heutzutage auch bei Führungskräften normal. Manche hatten nach einer Kündigung eine Phase der erzwungenen Selbstständigkeit, bei anderen ging ein früherer Arbeitgeber nach kurzer Zeit insolvent oder es gab ein ungewolltes Downgrading, beispielsweise vom Bereichs- zum Abteilungleiter. Auch frühere Brüche wie ein Studienabbruch oder eine Kündigung in der Probezeit sollten taktisch geschickt dargestellt werden.

Besser: Offensichtliche Brüche im Lebenslauf sollten knapp abgehandelt werden– und dann sollte ausführlicher dargestellt werden, wie es für den Bewerber weiterging. Gerade Führungskräfte überzeugen damit, wie sie nach Niederlagen wieder aufgestanden sind und sich selbst für neue Ziele motiviert haben.

Coachingtipp 7:
Vom »Wir« zum »Ich«!

Problematisch: Nicht wenige Führungskräfte sind unsicher, wenn es um die Darstellung des eigenen Anteils an bisher erreichten beruflichen Erfolgen geht. Diese Unsicherheit wird im Anschreiben deutlich, wenn Wir-Formulierungen eingesetzt werden (»In der Abteilung hatten wir uns überlegt, dass ...«, »Wir haben dann geprüft, ob ...«, »Wir wollten erreichen, dass ...«). Dann läuft der Bewerber jedoch Gefahr, nicht als Führungskraft, sondern als passiver Mitläufer eingeschätzt zu werden.

Besser: Überlegen Sie sich vor der Ausarbeitung Ihrer Bewerbungsunterlagen Beispiele für Ihren persönlichen Anteil an Team-, Abteilungs- oder Unternehmenserfolgen. Formulieren Sie dabei gezielt in der Ich-Form (»Ich habe dafür gesorgt, dass ...«, »Ich habe angeregt, dass...«, »Ich habe ... verantwortet«). Auf diese Weise wird Ihre Rolle als motivierender Impulsgeber deutlich.

Coachingtipp 8:
Sorgen Sie für eine doppelte Passung!

Problematisch: Häufig verlieren Führungskräfte bei ihrer Argumentation im Anschreiben das neue Unternehmen aus dem Blick. Sie gehen nur auf die Anforderungen der neuen Stelle ein und gar nicht auf das, was das neue Unternehmen auszeichnet.

Besser: Argumentieren Sie von den Aufgaben der neuen Stelle her, aber lassen Sie auch einfließen, warum Sie gerade bei diesem Unternehmen arbeiten möchten. Ist es das Standing des neuen Unternehmens in der Branche? Sind es die innovativen Produkte? Oder ist es das konstruktive Miteinander?

Coachingtipp 9:
Veranschaulichen Sie Ihre Flexibilität!

Problematisch: Die Firmen haben Angst vor Bewerbern, die innerlich zum Stillstand gekommen sind. Aktivieren Sie in Ihren Bewerbungsunterlagen nicht ungewollt diese Vorurteile. Dies gilt insbesondere für Führungskräfte, die viele Jahre für eine Firma gearbeitet haben.

Besser: Wenn Sie viele Jahre für eine Firma gearbeitet haben, haben Sie unserer Erfahrung nach oft ganz unterschiedliche Projekte geleitet, sich neues Wissen angeeignet, neue Mitarbeiter eingearbeitet und von neuen Kollegen etwas dazugelernt. Liefern Sie in Ihren Bewerbungsunterlagen für diese geistige Flexibilität konkrete Beispiele.

Bewerbungserfolg mit Ihren Unterlagen, also Einladungen zu Vorstellungsgesprächen, haben Sie unserer Erfahrung nach dann, wenn in Ihren Unterlagen in kurzer Zeit ein passgenaues, stärkenorientiertes und glaubwürdiges Profil deutlich wird. Und damit Sie dieses (Teil-)Ziel erreichen, sollten die neun typischen Fehler bei der Ausarbeitung Ihrer Unterlagen ausgeschlossen werden. Hilfreich für Ihre Bewerbungsarbeit ist dabei die folgende Checkliste, die alle neun Coachingtipps enthält.

Checkliste: Neun Erfolgstipps

○ **Erfolgstipp 1: Fokussieren Sie!** Haben Sie die Stellenausschreibung gründlich ausgewertet und Schnittstellen zwischen den neuen Aufgaben und Ihren bisherigen Aufgaben herausgearbeitet?

○ **Erfolgstipp 2: Verdichten Sie Informationen!** Haben Sie mit Schlüsselbegriffen und Schlagworten stichwortartig und mit hoher Informationsdichte informiert?

○ **Erfolgstipp 3: Zeigen Sie sich engagiert!** Haben Sie ausreichend Beispiele für Ihre Macherqualitäten vorbereitet? Wie haben Sie Veränderungen angeschoben und Arbeitsprozesse optimiert?

○ **Erfolgstipp 4: Strategien umsetzen!** Benennen Sie bei der Darstellung von Strategien auch Teilschritte? Haben Sie ausgewählte Maßnahmen aufgelistet? Und gehen Sie auf Ihre Erfolgskontrolle ein?

○ **Erfolgstipp 5: Konkretisieren Sie Ihren Führungsstil!** Führung heißt Verantwortung übernehmen: Können Sie als junge Führungskraft ausreichend Beispiele für Ihre Führungsfähigkeiten geben? Und können Sie als gestandene Führungskraft verdeutlichen, dass Sie Ihre Mitarbeiterinnen und Mitarbeiter produktiv und ergebnisorientiert eingesetzt haben?

○ **Erfolgstipp 6: Nutzen Sie Gestaltungsspielräume!** Sind Sie in der Lage, Brüche in Ihrem Lebenslauf sehr knapp darzustellen und zu verdeutlichen, wie Sie sich nach Rückschlagen erneut motiviert haben?

○ **Erfolgstipp 7: Vom »Wir« zum »Ich«!** Können Sie Ihren persönlichen Anteil an Team-, Abteilungs- oder Unternehmenserfolgen herausstellen?

○ **Erfolgstipp 8: Sorgen Sie für eine doppelte Passung!** Wird nicht nur Ihre Begeisterung für die neue Stelle, sondern auch für das neue Unternehmen deutlich?

○ **Erfolgstipp 9: Veranschaulichen Sie Ihre Flexibilität!** Gibt es in Ihrem Selbstmarketing in Schriftform Beispiele dafür, wie Sie sich auf neue, fordernde Situationen flexibel eingestellt haben?

Gelungene Beispielbewerbungen: So überzeugen Führungskräfte

Bevor Sie sich intensiv mit den einzelnen Elementen der Bewerbungsunterlagen auseinandersetzen werden, zeigen wir Ihnen nun anhand von vollständigen Beispielbewerbungen, wie von uns betreuten Führungskräften der angestrebte Karrieresprung gelungen ist. Selbstverständlich sind alle persönlichen Daten dabei verfremdet worden. Sowohl die sieben Kernkompetenzen, die Führungskräfte beweisen müssen, als auch die Coachingtipps zur Steigerung der Wirkung von Einstellungsargumenten sind in den Beispielbewerbungen berücksichtigt. Lassen Sie sich von den Positivbeispielen inspirieren, aber achten Sie darauf, in Ihren eigenen Unterlagen Ihr individuelles Profil herauszuarbeiten.

Verdeutlichen Sie Ihr Führungspotenzial

Behalten Sie bei der Ausformulierung Ihrer Unterlagen immer unsere Profil-Methode® im Blick: Achten Sie auf Passgenauigkeit, Stärkenorientierung und Glaubwürdigkeit, um den Bewerbungserfolg zu sichern. Wir wissen aus unserer langjährigen Beratungstätigkeit, dass Sie erst mit einer individuell gestalteten Bewerbung die Aufmerksamkeit erzielen, die Ihnen zusteht. Versuchen Sie, nicht in der großen grauen Masse mitzuschwimmen. Bekennen Sie sich zu Ihren Führungsstärken, und arbeiten Sie heraus, wo Ihre besonderen Erfahrungen und speziellen Kenntnisse liegen.

Beispielhafte Erfolge im Anschreiben

Die von Ihnen erstellten Bewerbungsunterlagen müssen für Personalverantwortliche und Personalberater einen echten Informationswert haben. Verwechseln Sie das Anschreiben nicht mit einem Begleitbrief zu den Bewerbungsunterlagen. Formulieren Sie lieber ein knappes Gutachten in eigener Sache. Verzichten Sie auf Floskeln und Allgemeinplätze, die auf jeden Bewerber gleich gut (eigentlich gleich schlecht) passen. Unterlassen Sie auf jeden Fall Arbeitgeberschelte und Problemschilderungen. Schließlich will man wissen, welche Aufgaben Sie gut bewältigen, und nicht, bei welchen Sie Schwierigkeiten bekommen haben. Zeigen Sie im Anschreiben ein überzeugendes Profil, indem Sie kurz die beruflichen Aufgaben aus dem Tagesgeschäft beschreiben und die Schnittpunkte zu den künftigen Tätigkeiten aufweisen. Sammeln Sie Zusatzpunkte mit besonderen Leistungen wie Projektarbeit oder Sonderaufgaben.

Einstellungsargumente im Lebenslauf und in der Leistungsbilanz

Beim Lebenslauf genügt es nicht, eine Nacherzählung des Lebensweges von der Grundschulzeit an abzuliefern. Ebenso ist es zu wenig, wenn Sie nur eine Auflistung bisher durchlaufener beruflicher Stationen anfertigen, ohne auf die in jeder Station ausgeübten Tätigkeiten einzugehen. Die so häufig anzutreffenden Standardlebensläufe können Personalverantwortliche nicht begeistern. Liefern Sie die richtigen Stichworte, die Ihr Können für andere sichtbar machen. Sorgen Sie auch mit dem Lebenslauf dafür, dass Ihr unverwechselbares Profil für den Leser zu erkennen ist. Wenn Sie wichtige Zusatzinformationen geben möchten, die den Rahmen des Lebenslaufes sprengen würden, können Sie die von uns entwickelte Form der Leistungsbilanz wählen. Auch bei dieser Leistungsbilanz achten Sie natürlich darauf, dass die Angaben für die Entscheidung »Einladung zum Vorstellungsgespräch: ja oder nein?« von Bedeutung sind.

Lernen Sie aus den Fehlern anderer

Lassen Sie sich nun zeigen, wie Sie Ihre Bewerbungsunterlagen optimieren können. Wir stellen Ihnen mehrere vollständige Bewerbungsunterlagen vor: die ersten zwei als Gegenüberstellung von misslungenen und gelungenen Bewerbungsunterlagen und die sich anschließenden acht Bewerbungsunterlagen ausschließlich in einer überzeugenden Form. Vorab ein Hinweis zu den Negativ- und Positivbeispielen: Wir haben hier bewusst überzeichnet, damit durch die Gegenüberstellung klar wird, was Bewerber ganz konkret besser machen können. Allerdings bekommen wir in unserer Beratungstätigkeit immer wieder Unterlagen vorgelegt, die in weiten Teilen den Negativbeispielen entsprechen.

Die jeweiligen Kommentare im Anschluss machen Sie mit der Sichtweise von Personalverantwortlichen vertraut. Sie erfahren, warum bei schlecht gemachten Bewerbungen eine Einladung zum Bewerbungsgespräch ausbleibt und welche Fehler Bewerberinnen und Bewerber immer wieder ins Aus führen. Dass Sie etwas für den Erfolg Ihrer Bewerbung tun können, zeigen Ihnen die verbesserten Unterlagen mit den positiven Kommentaren. Der Vorher-Nachher-Effekt wird Sie überzeugen.

Wir sind ein mittelständisches Unternehmen der Nahrungsmittelindustrie. Auf insgesamt 20 hoch-automatisierten Produktionsstraßen werden Fertigprodukte in prämierter Qualität hergestellt. Mehr als 500 Mitarbeiter engagieren sich für die weitere Expansion in traditionellen und innovativen Geschäftsfeldern. Zur Ausrichtung des Unternehmens auf die Chancen der Zukunft suchen wir einen

AREA SALES MANAGER (m/w)

Ihre professionelle Marktbeobachtung und Analyse bilden die Grundlage für die von Ihnen entwickelten Vertriebsstrategien. Sie stehen in engem Kontakt zu nationalen und internationalen Partnern im Handel. Ihre Ideen fließen direkt in bereichsrelevante und abteilungsübergreifende Projekte ein.

Für die von Ihnen geleiteten Teams setzen Sie übergreifende Ansätze in Handlungsanweisungen um, die im Tagesgeschäft erfolgreich angewandt werden können. Unsere hoch motivierte Verkaufsorganisation erhält von Ihnen durch die Ausrichtung auf modernes Key-Account- und ganzheitliches Category-Management zusätzliche Dynamik. Für Ihren Erfolg in einem ganzheitlichen Verantwortungsspektrum ist entscheidend, dass zielorientierte Ideen auf der Grundlage von professionellen Analysen entstehen. Ihren Mitarbeitern können Sie Freiräume bieten und eigenverantwortliche Selbstständigkeit fördern.

Sie sollten auch bisher schon erfolgreich in den Bereichen Marketing oder Vertrieb gearbeitet und einen kooperativen, integrativen Führungsstil verinnerlicht haben. Wenn Sie der Meinung sind, dass Ihre persönlichen Stärken und beruflichen Ziele optimal zur ausgeschriebenen Position passen, freuen wir uns auf Ihre informativen Bewerbungsunterlagen. Für erste Fragen wenden Sie sich bitte telefonisch an Karl-Günter Schmitz.

FOOD GMBH & CO. KG
Abt. Personal, Industriepark 50, 65843 Sulzbach, Tel. 06196 1212-34,
www.food-products.de

Auswertung
Stellenanzeige Area Sales Manager

Um mit der Bewerbungsmappe überzeugen zu können, gilt es im ersten Schritt, die Stellenanzeige gründlich auszuwerten. Folgende Informationen lassen sich herauslesen.

Informationen über das Unternehmen

Wichtig ist zum einen, dass es sich um ein mittelständisches Unternehmen handelt, und zum anderen, dass die Firma in der Nahrungsmittelindustrie tätig ist. Aus der Angabe der hochautomatisierten Produktionsstraßen ist zu erfahren, dass das Unternehmen einen Massenmarkt bedient. Da das Unternehmen auf die Chancen der Zukunft ausgerichtet werden soll, müsste ein Wunschbewerber deutlich machen, dass er neue Geschäftsbereiche aktiv erschließen kann. Hier wird ein Macher mit solidem Handwerkszeug gesucht, der sich sowohl in traditionellen als auch in innovativen Geschäftsfeldern bewähren kann.

Die zukünftigen Aufgaben

Im Mittelpunkt der neuen Position steht die Entwicklung von Vertriebsstrategien. Ein Bewerber muss den Beweis antreten, dass er strategische Überlegungen so weit herunterbrechen kann, dass sie für die Vertriebsmitarbeiter handhabbar werden. Die Zusammenarbeit mit dem Handel muss eigenverantwortlich gestaltet werden können. Zu beachten ist, dass es nicht nur um nationale, sondern auch um internationale Handelspartner geht. Bereichs- und abteilungsübergreifendes Arbeiten wird großgeschrieben. Dem zukünftigen Area Sales Manager kommt eine Bindegliedfunktion im Unternehmen zu. Erfahrungen in abteilungsübergreifenden Projekten sind daher sicherlich unverzichtbar. Zwei weitere Schlagworte, die das Tätigkeitsfeld kennzeichnen, sind die Begriffe »Key-Account- und Category-Management«. Mit modernem und dynamischem Sales-Management soll mehr Vertriebspower erreicht werden.

Voraussetzungen des Bewerbers

Berufserfahrung in den Bereichen Marketing oder Vertrieb ist eine unabdingbare Grundvoraussetzung. Der geforderte kooperative, integrative Führungsstil soll den Mitarbeitern bei klaren Zielvorgaben ausreichend Freiräume und die Chance zum selbstständigen Handeln bieten. Die Voraussetzungen werden bei dieser Anzeige sehr knapp abgehandelt. Das Unternehmen erwartet, dass Bewerber möglichst passgenaue Vorerfahrungen in den zukünftigen Aufgabengebieten mitbringen.

Kontaktdaten und Formelles

Gewünscht werden komplette, informative Bewerbungsunterlagen. Ein Ansprechpartner für Bewerbungen ist namentlich und mit telefonischer Durchwahl aufgeführt. Bewerbungen sollten daher nicht anonym mit »Sehr geehrte Damen und Herren« beginnen. Mit der Angabe der Firmen-Homepage weist das Unternehmen darauf hin, dass sich mithilfe des Internets weitere Informationen über die Geschäftstätigkeit herausfinden lassen.

DIPLOM-KAUFMANN
Frank Stolzenburg
Sallstraße 47
30003 Hannover

Telefonnummer ?

nicht ausschreiben !

FOOD GMBH & CO. KG
Abt. Personal
Herrn Karl-Günter Schmitz
Industriepark 50
65843 Sulzbach

Hannover, 18.05.2011

Bewerbung als Diplom-Kaufmann, Ihre Anzeige in der FAZ

Sehr geehrte Damen und Herren,

— was ist das ??

mein ausgeprägter Draht zu den Bereichen Marketing und Vertrieb veranlassen mich zu dieser Bewerbung.
In den letzten Jahren konnte ich über mehrere Berufsstationen in anspruchsvolle Aufgaben hineinwachsen.
Wie meine Entwicklung im Einzelnen verlaufen ist, entnehmen Sie bitte dem beigefügten Lebenslauf.
Eigenverantwortliche Selbstständigkeit ist für mich sehr wichtig. Ich möchte dies nicht nur Mitarbeitern
bieten, sondern auch für mich in Anspruch nehmen. Mit vielfältigen Aufgaben, die Sie in der Anzeige skiz-
zieren, bin ich bereits in Berührung gekommen. Es würde mich freuen, Ihr Team komplettieren zu können.
Informationen zu meiner Person finden Sie auch auf einem von mir beigelegten Extrablatt.

Auf eine persönliche Begegnung mit Ihnen freue ich mich

und grüße Sie herzlich aus Hannover   *Sind wir miteinander bekannt?   Nein !*

[Unterschrift: Frank Stolzenburg]

Lebenslauf

Name:	Frank Stolzenburg
Titel:	Diplom-Kaufmann
Adresse:	Sallstraße 47, 30003 Hannover
Geburtsdatum:	3. Mai 1973
Geburtsort:	Kaltenkirchen
Familienstand:	verheiratet
Kinder:	2
Staatsangehörigkeit:	deutsch
Führerschein:	Klasse 3

Foto?

Schulbildung:	4 Jahre Grundschule
	9 Jahre Gymnasium

?

Studium:	6 Jahre Betriebswirtschaft

Berufstätigkeiten:	Oktober 1999 bis Dezember 2002, Vertriebsassistent
	Firma Handelsmarken AG
	Januar 2003 bis September 2005, Promoter
	Firma Tiefkühlkost AG
	Oktober 2005 bis September 2006, Großkundenbetreuer
	Firma Kühlgeräte GmbH & Co. KG
	Oktober 2006 bis zum heutigen Tage, Produktmanager
	Firma Gourmetspezialitäten GmbH

unqualifizierte Tätigkeit

zu knapp !

Sonstiges:	Hobbys (Joggen, Radfahren, Orientierungsläufe, Tennis, Inlineskating, Schwimmen, Aktien handeln, Oldtimer sammeln, Wirtschaftszeitungen lesen)

bleibt da noch Zeit für den Beruf ?

Wer ist Frank Stolzenberg?

... über mich als Person und meine Motivation

Arbeit bedeutet für mich Ansporn, Perspektive, Selbstwertgefühl sowie Kontaktfreude und Teamgeist. Koordiniertes Arbeiten und abgestimmtes Vorgehen sind für mich die wichtigsten Voraussetzungen für erfolgreiches Arbeiten. Ich lerne nie aus. Und ich habe den Ehrgeiz, bei dem, was ich mache, zu den Besten zu gehören. Was ich leiste, hat Qualität, macht Sinn und genügt hohen Ansprüchen. Was ich tue, hinterfrage ich und versuche es zu verstehen.

die Bewerbung nicht !

... über meine bisherigen Tätigkeiten

Die immer neuen Aufgaben und die damit verbundene Abwechslung bei der Arbeit, das Arbeiten in unterschiedlichen Teams mit den verschiedensten Menschen und ihren ureigensten Interessen sind für mich immer bedeutende Herausforderungen gewesen. Mit Ruhe und Gelassenheit in hektischen Phasen sowie mit diplomatischem Verständnis bei Konflikten habe ich gute Erfahrungen gemacht. Die Klärung von Zuständigkeiten habe ich als Beschleuniger von Arbeitsergebnissen nutzen können. Mit der mir eigenen Flexibilität konnte ich verschiedenste Aufgaben bewältigen, und ich hoffe, meine erfolgreiche Arbeit fortführen zu können.

Hannover, im Januar 2011

auf Vorrat produziert

Kommentar
Fehlerhafte Bewerbungsunterlagen Area Sales Manager

Anschreiben

Fehler

Leerfloskeln

Anschreiben wie dieses bekommen Personalverantwortliche leider viel zu oft auf den Tisch. Der Bewerber Frank Stolzenburg operiert mit Leerfloskeln wie »ausgeprägter Draht zu den Bereichen Marketing und Vertrieb, eigenverantwortliche Selbstständigkeit ist für mich sehr wichtig und mit vielfältigen Aufgaben ... bin ich bereits in Berührung gekommen«. Welche konkreten beruflichen Erfahrungen hinter diesen Aussagen stecken, wird in keiner Weise ersichtlich.

Fehler

Mangelnde Aussagekraft

Es wird kein individuelles Bewerberprofil im Anschreiben sichtbar. Der Bewerber verweist auf die weiteren Unterlagen und begeht damit einen Kardinalfehler. Bewerber, die Personalverantwortliche dazu auffordern, Ihr Profil doch bitte selbst aus den gelieferten Unterlagen zu konstruieren, sorgen für Verärgerung. Hier wird wertvoller Platz verschenkt, und es wird schon beim Überfliegen des Anschreibens deutlich, dass der Bewerber sich selbst nicht über sein Profil im Klaren ist.

Fehler

Rein formale Bewerbung

Herr Stolzenburg liefert eher eine Art konventionellen Geschäftsbrief. Dies kann man ihm nicht ankreiden. Wohl aber, dass er sich hinter seiner Bezeichnung »Diplom-Kaufmann« versteckt und es nicht schafft, auf die Ebene konkreter beruflicher Erfahrungen zu wechseln. Seine Einschätzung, dass es wohl genügen würde, wenn er den richtigen Titel mitbringt, zeigt sich auch in der Betreffzeile, in der er sich als »Diplom-Kaufmann« und nicht als »Area Sales Manager« bewirbt.

Fehler

Fehlende Ernsthaftigkeit

Besondere Mühe hat sich Frank Stolzenburg nicht mit seinem Anschreiben gegeben. Es fehlen Hinweise auf die momentane Tätigkeit und er scheint seine Bewerbung als Testballon zu verstehen. Wahrscheinlich hat er keine ernsthaften Wechselabsichten, sondern möchte nur einmal ausprobieren, ob nicht noch »etwas geht«. Unterstützt wird diese Einschätzung von der kumpelhaften Grußformel »Auf eine persönliche Begegnung mit Ihnen freue ich mich und grüße Sie herzlich aus Hannover«. Dieser private Tonfall ist vielleicht bei Antworten auf Kontaktanzeigen angemessen, aber nicht bei Antworten auf Stellenausschreibungen. Schon an dieser Stelle möchte man als Personalverantwortlicher gerne auf eine persönliche Begegnung verzichten.

Lebenslauf

Fehler

Form verheißt nichts Gutes

Auch wenn sich Personalverantwortliche oft darüber beschweren, dass manche Bewerber sie mit Informationen überschütten, sollte dies nicht, wie hier, zum Gegenteil verleiten. Der einseitige, genauer dreiviertelseitige, Lebenslauf ist zu knapp für zwölf Jahre Berufserfahrung. Auch ist die Form veraltet. Es fehlt nicht nur die durchgehende Zeitleiste, es werden trotz der knappen Angaben auch noch unnötige Informationen, wie Grundschulzeit und Führerscheinklasse, geliefert. Auch die Angaben der Arbeitgeber mit dem vorangestellten Wort »Firma« ist schlichtweg falsch. Wenn die korrekte Rechtsform eines Unternehmens genannt wird, entfällt das Wort Firma.

Fehler

Falsche Berufsbezeichnungen

Der Bewerber Frank Stolzenburg betreibt unnötiges Downgrading. Obwohl in den Arbeitszeugnissen die jeweils zutreffenden Berufsbezeichnungen angegeben sind, wählt er für den Lebenslauf falsche Angaben. So war er bei seiner Einstiegsposition Assistent im Vertrieb und dort dem nationalen Key-Account-Manager zugeordnet und nicht »Vertriebsassistent«, wie er im Lebenslauf vermerkt. Für Heiterkeit sorgt die Angabe »Promoter« in der zweiten Position, man sieht ihn förmlich im Overall und mit einem lustigen Käppi versehen am Probierstand in Supermärkten stehen. Nicht gerade die Vorstellung, die der Personalverantwortliche, Herr Schmitz, von einem geeigneten Bewerber hat. Tatsächlich war Herr Stolzenburg Promotion-Manager.

Fehler

Fehlende Tätigkeitsangaben

Die vom Bewerber verwendeten falschen Berufsbezeichnungen wiegen umso schwerer, als er auf die Angabe einzelner Tätigkeiten in den von ihm wahrgenommenen Verantwortungsbereichen verzichtet. Wie im Anschreiben gelingt es auch hier nicht, ein individuelles Profil des Bewerbers zu erkennen.

Fehler

Hobbys übergewichtet

Das, was Herr Stolzenburg bei der Angabe seiner beruflichen Stationen vermissen lässt, führt er lang und breit bei seinen Freizeitaktivitäten aus. Die Anzahl seiner Hobbys lässt vermuten, dass er seine Arbeit im Schongang erledigt, um fit für die Freizeit zu bleiben.

Fehler

Fehlendes Bewerbungsfoto

Dass das Foto fehlt, ist der endgültige Beweis dafür, dass es sich bei Herrn Stolzenburg um einen Spaßbewerber handelt. Seiner Bewerbung fehlt auch an dieser Stelle die Ernsthaftigkeit. Zudem ist eine Bewerbungsmappe ohne Foto nicht vollständig.

Dritte Seite

Fehler

Mehr Dichter als Denker

Die Dritte Seite mit der Überschrift »Wer ist Frank Stolzenburg?« kann nicht überzeugen. Herr Stolzenburg übt sich in Phrasendrescherei, die zudem sehr den Eindruck erweckt, von einer schlechten Vorlage kopiert worden zu sein. Positiv zu vermerken ist allein die unfreiwillige Komik, die dieser Seite innewohnt. Eine kleine Abwechslung, die zu Lachstürmen in der Personalabteilung führen und die große Ablehnung gegenüber dem Bewerber zementieren wird.

Fehler

Positionsfern und veraltet

Das Ausstellungsdatum »Januar 2011« auf der dritten Seite zeigt, dass sich Herr Stolzenburg irgendwann einmal einen Vorrat an dritten Seiten angelegt zu haben scheint. Mit einer individuellen Bewerbung hat dies natürlich nichts zu tun. Folgerichtig wird auch der Inhalt der dritten Seite in keiner Weise an die ausgeschriebene Position angepasst.

Fazit

Aus irgendeinem Grund scheint dieser Bewerber auf das Schicksal zu hoffen und Bewerbungsverfahren mit einem Lotteriespiel zu verwechseln. Wegen der mangelnden Ernsthaftigkeit, die seine Bewerbung auszeichnet, wird Herr Stolzenburg seine Unterlagen umgehend zurückgesandt bekommen.

Frank Stolzenburg
Sallstraße 47
30003 Hannover
Tel. 0511 1235476
E-Mail: frank.stolzenburg@t-online.de

FOOD GMBH & CO. KG
Abt. Personal
Herrn Karl-Günter Schmitz
Industriepark 50
65843 Sulzbach

Hannover, 18.05.2011

Bewerbung als Area Sales Manager
Ihre Anzeige in der FAZ vom 12.05.2011 und unser Telefonat

Sehr geehrter Herr Schmitz,

vielen Dank für das informative Telefongespräch. Meine Erfahrungen in der Entwicklung von nationalen und internationalen Vermarktungskonzepten in der Nahrungsmittelindustrie würde ich gerne in Ihr Unternehmen einbringen.

Seit 12 Jahren bin ich als Diplom-Kaufmann in den Bereichen Vertrieb und Marketing tätig. Die eigenverantwortliche Account-Planung gehörte bereits ebenso zu meinen Aufgaben wie die Entwicklung und Durchführung von Promotionmaßnahmen, der Aufbau von CRM-Systemen und die Betreuung von Produkteinführungen und Relaunches. In meiner Tätigkeit als Key-Account-Manager habe ich die strategische Geschäftsentwicklung mitverantwortet. *passt!*

In meiner jetzigen Position bin ich als Produktmanager im Mittelstand für die Gestaltung der Zusammenarbeit mit dem Lebensmitteleinzelhandel zuständig. Mit Umsatzverantwortung versehen betreue ich die strategische Sortimentsausweitung und überprüfe die Produkteffizienz durch Sortimentsanalysen. Mit der Einführung eines unternehmensübergreifenden Category-Management konnte ich den LEH enger an das Unternehmen binden und mehr Mitsprache bei der Präsentation unserer Produkte erreichen.

Über die Einladung zu einem Vorstellungsgespräch würde ich mich freuen.

Mit freundlichen Grüßen

Anlagen

Frank Stolzenburg
Sallstraße 47
30003 Hannover
Tel. 0511 1235476
E-Mail: frank.stolzenburg@t-online.de

**Bewerbung als Area Sales Manager
bei der Food GmbH & Co. KG**

Anlagenverzeichnis

– Lebenslauf
– Leistungsbilanz

– Arbeitszeugnis Kühlgeräte GmbH & Co. KG
– Arbeitszeugnis Tiefkühlkost AG
– Arbeitszeugnis Handelsmarken AG

– Urkunde Diplom-Kaufmann   *okay!*

– Weiterbildungszertifikat »Aktives Beziehungsmanagement«
– Weiterbildungszertifikat »Vertriebscontrolling«
– Weiterbildungszertifikat »Vertriebswerkzeuge«
– Weiterbildungszertifikat »Strategischer Key-Account«

Frank Stolzenburg
Sallstraße 47
30003 Hannover
Tel. 0511 / 123 54 76
E-Mail: frank.stolzenburg@t-online.de

Lebenslauf

Persönliche Daten

Geburtsdatum/-ort	03.05.1973 in Kaltenkirchen
Familienstand	verheiratet, 2 Kinder (4 und 2 Jahre alt)
Staatsangehörigkeit	deutsch

Berufserfahrung

10/2006 – heute

passt !

Gourmetspezialitäten GmbH, Peine, Produktmanager,
Tätigkeiten: Umsatzverantwortung, Entwicklung von nationalen und internationalen Vermarktungskonzepten im Lebensmitteleinzelhandel für Produktneueinführungen und Relaunches, Durchführung von Marktanalysen, Projekt: unternehmensübergreifendes Category-Management, Sonderaufgabe: Kostensenkungsprogramm Display-Standardisierung

10/2005 – 09/2006

Kühlgeräte GmbH & Co. KG, Celle, Key-Account-Manager,
Tätigkeiten: eigenverantwortliche Account-Planung, strategische Geschäftsentwicklung, Entwicklung und Durchführung von Verkaufsförderungsmaßnahmen

01/2003 – 09/2005

Tiefkühlkost AG, Braunschweig, Promotion-Manager,
Tätigkeiten: Koordination der Vertriebs- und Marketingaktivitäten, Planung, Durchführung und Kontrolle aller Promotionmaßnahmen für den Handel, Aufbau von CRM-Systemen

10/1999 – 12/2002

Handelsmarken AG, Hannover, Assistent des nationalen Key-Account-Managers,
Tätigkeiten: Kundenbetreuung, Vorbereitung von Jahresgesprächen, Konkurrenzanalysen

Studium

04/1994 – 08/1999 Universität Hannover, Studium der Betriebswirtschaft
25.08.1999 Diplom-Kaufmann

Schule und Wehrdienst

01/1993–03/1994	Luftwaffengeschwader IV, Wehrdienst
30.06.1992	Abitur

Fremdsprachen

Englisch (sehr gut)
Französisch, Spanisch (beide gut)

EDV-Kenntnisse

WinWord (ständig in Anwendung)
PowerPoint (sehr gut)   *sehr gut !*
Excel (ständig in Anwendung)
Access-Datenbanken (sehr gut)

Weiterbildung

06/2009	Verkaufsakademie Hannover: »Aktives Beziehungsmanagement – Neue Wege zum Kunden«
03/2008	Weiterbildungs GmbH: »Vertriebscontrolling – Kosten im Griff«
04/2006	Softwarehaus GmbH: »Excel und Access als Vertriebswerkzeuge«
12/2005	Trainingscentrum Wiesbaden: »Strategischer Key-Account«

interessant !

Hobbys

Schwimmen, Fitnessstudio, Oldtimer-Restauration

Hannover, 18.05.2011

Leistungsbilanz

Branchenerfahrung
Zwölf Jahre Marketing- und Vertriebserfahrung durch Tätigkeiten bei international ausgerichteten Konsumgüterherstellern in den Bereichen Markenartikel und Discount Food

Arbeitsschwerpunkte
- Customer Relationship Management
- Benchmarking
- Koordination von Vertriebs- und Marketingaktivitäten
- Marken-Promotion
- Key-Account
- Strategische Geschäftsentwicklung
- Verkaufsförderung
- Produktmanagement

Besondere Erfolge
- Strategische Sortimentsausweitung
- Überprüfung der Produkteffizienz durch Sortimentsanalysen (Category Management)
- Kostensenkungsprogramme in der Verkaufsförderung im sechsstelligen Euro-Bereich
- Vermarktungskonzept Kühlgeräte für Lifestyle-Food
- Aufbau enger Beziehungen zum Lebensmitteleinzelhandel
- Markteinführung »Asian-Food für Gourmets«
- Vermarktungskonzept Single-Tiefkühlkost
- Relaunch »Der Minuten-Snack«

Top-Bewerber !
Hat mich überzeugt,
unbedingt einladen!

Leistungsbilanz Frank Stolzenburg

Kommentar
Überzeugende Bewerbungsunterlagen Area Sales Manager

Anschreiben

Überzeugend

Gestaltung

Herr Stolzenburg wählt für sein Anschreiben eine klassische Aufmachung. Die Anschrift der Firma steht unter seinem Absender, damit begrenzt er den ihm zur Verfügung stehenden Platz für den Anschreibentext. Dieser wird jedoch so optimal von ihm genutzt, dass er mit der konventionellen Gestaltung formal und inhaltlich überzeugen kann. Ungewöhnlich ist die Zentrierung der grau hinterlegten Betreff- und Bezugzeile. Ein Gestaltungsmerkmal, das sich jedoch im weiteren Verlauf der Bewerbungsunterlagen wiederfindet und somit für den Eindruck einer Bewerbung aus einem Guss sorgt.

Überzeugend

Telefonischer Kontakt

Herr Stolzenburg hat die Möglichkeit eines telefonischen Vorabkontaktes genutzt. Er verweist in der Bezugzeile und im ersten Satz des Anschreibentextes auf das mit dem Unternehmensrepräsentanten, Herrn Schmitz, geführte Telefonat. Aus dem knappen Zeitraum, der zwischen dem Erscheinen der Anzeige und dem Verfassen des Anschreibens liegt, lässt sich ersehen, dass sich der Bewerber Frank Stolzenburg mit Engagement der Aufbereitung einer individuellen Bewerbung gewidmet hat.

Überzeugend

Gutachtenstil

Seinen Anschreibentext formuliert Herr Stolzenburg mit einer hohen Informationsdichte. Schlagworte, die auf die Nähe bisheriger Aufgaben zur ausgeschriebenen Position hinweisen, machen ihn interessant. Geschickt nutzt der Bewerber Umschreibungen von Anforderungen aus der Anzeige, beispielsweise »Category-Management«, durch die Angabe »Überprüfung der Produkteffizienz durch Sortimentsanalysen«. An zwei Stellen gerät er in Gefahr, zu knapp zu formulieren. Nämlich bei den Stichworten »CRM-Systeme« und »LEH«. Wahrscheinlich hat er aber im vorab geführten Telefonat den Eindruck gewonnen, dass dem Personalreferenten diese Ausdrücke vertraut sind. Er kann sie jetzt nutzen, um seine Branchenverbundenheit herauszustellen.

Deckblatt

Überzeugend

Auf die Ausschreibung ausgerichtet

Herr Stolzenburg hat sich für ein Deckblatt vor dem Lebenslauf entschieden. Jetzt ermöglicht er mit Foto und Anlagenverzeichnis auf dem Deckblatt einen ersten persönlichen Eindruck. Das Deckblatt ist für die ausgeschriebene Position verfasst.

Überzeugend

Koppelung mit Anlagenverzeichnis

Herr Stolzenburg nutzt das Deckblatt auch als Anlagenverzeichnis, um auf die mitgelieferte Leistungsbilanz hinzuweisen und die passgenauen Weiterbildungen in den Blick zu rücken. Durch die Nennung der mitgelieferten Arbeitszeugnisse wird schon an dieser Stelle seine Branchenerfahrung untermauert.

Lebenslauf

Überzeugend

Lesefreundliche Gestaltung

Der Leser wird sehr gut durch den Lebenslauf geführt. Da Herr Stolzenburg schon auf dem Deckblatt seine Branchenerfahrung hat aufblitzen lassen, hat er sich entschieden, seine Positionsbezeichnungen und den berufsqualifizierenden Abschluss auch optisch herauszuheben. Die unterstrichen formatierten Bezeichnungen springen sofort ins Auge. Lesefreundlich ist auch, dass der Bewerber dem Leser die Orientierung erleichtert: Unten rechts auf der Seite sieht der Leser gleich, an welcher Stelle der Bewerbungsmappe er sich gerade befindet und dass der Lebenslauf aus zwei Seiten besteht.

Überzeugend

Unterstützung des Anschreibens

Die im Anschreiben genannten Schlagworte und Schlüsselbegriffe hat der Bewerber beruflichen Stationen zugeordnet. Sie sind im Rahmen der üblichen Aufgaben in den jeweiligen Positionen plausibel. Durch den Verweis auf das »Category-Management-Projekt« und die Sonderaufgabe »Kostensenkungsprogramm« wird einerseits das berufliche Engagement des Bewerbers sichtbar, andererseits beweist es auch seine Fähigkeit zum unternehmerischen Denken.

Überzeugend

Tätigkeitsbezogene Angaben

Der professionelle Leser sieht sofort, dass der Lebenslauf speziell für die ausgeschriebene Position »Area Sales Manager« angefertigt wurde. Die Erfahrungen und Kenntnisse, die auch in der neuen Position zum Tragen kommen könnten, sind stichwortartig aufgeführt.

Überzeugend

Zusatzinformationen

Auch bei den Weiterbildungsmaßnahmen beschränkt sich Herr Stolzenburg auf die wirklich wichtigen Seminare. Sein EDV-Rüstzeug ist mehr als ausreichend. Die Hobbys lassen vermuten, dass sich Herr Stolzenburg für seinen Job fit hält und den Ausgleich sucht. Die Angabe »Oldtimer-Restauration« bietet sich gut als Small-Talk-Aufhänger für Vorstellungsgespräche an.

Leistungsbilanz

Überzeugend

Positionsbezogene Leistungsbilanz

Der Bewerber Frank Stolzenburg rundet die Einheit aus Anschreiben, Deckblatt und Lebenslauf mit einer Leistungsbilanz ab. Dem Leser in der Personalabteilung werden noch einmal alle für eine Einladung zum Vorstellungsgespräch relevanten Daten vor Augen geführt. Es wird deutlich, dass dieser Kandidat ein berufliches Profil mitbringt, das sich sehr gut mit den neuen Aufgaben deckt.

Fazit

Der Bewerber lässt sich nicht durch das sehr unbestimmte Anforderungsprofil der Stellenanzeige aufs Glatteis führen. Bei der Erstellung seiner Unterlagen hat er die Informationen über die zukünftigen Aufgaben stets im Blick gehabt. Eine Bewerbung, die auf den Punkt kommt und eine Einladung zum Vorstellungsgespräch nach sich ziehen wird.

TRUCK Mit konsequenter Forschung und hoch entwickelter Technik haben wir es geschafft, ein international anerkannter Hersteller von Nutzfahrzeugkomponenten zu werden. Weltweit beschäftigt unsere Gruppe 1.200 Mitarbeiter und erzielt einen Jahresumsatz von rund 400 Mio. Euro. Wir möchten unsere Marktposition auch weiterhin ausbauen und suchen dafür eine/n

Leiter/in System-/Netzwerkbetreuung

Der zukünftige Stelleninhaber ist mit seinem Mitarbeiterstab verantwortlich für den reibungslosen Betrieb unserer europäischen Infrastruktur (Windows NT, Novell, UNIX/Derivate).

Wir erwarten mehrjährige Berufspraxis im IT-Umfeld, die Fähigkeit, technische Fragestellungen selbst zu lösen, und die Fähigkeit, Mitarbeiter kompetent zu führen und zu motivieren. Das entsprechende Marktwissen, um unsere IT-Strategie fortlaufend anzupassen und weiterzuentwickeln, sollten Sie ebenfalls mitbringen.

Wir bieten Ihnen die leistungsorientierte Atmosphäre eines erfolgreichen Unternehmens mit anspruchsvollen und interessanten Aufgaben. Ein angenehmes Betriebsklima und ein attraktives Gehalt sind selbstverständlich für uns.

Interessiert? Dann senden Sie bitte Ihre aussagekräftigen Bewerbungsunterlagen mit der Angabe Ihres frühesten Eintrittstermins an unseren Personalleiter, Herrn Michael Tirus, Tel. 0201 300-43, Fax -48, E-Mail: tirus@truck.com

TRUCK
Daimlerstraße 1
D-45143 Essen

Auswertung
Stellenanzeige Leiter System-/Netzwerkbetreuung

Um zur passgenauen Bewerbung zu kommen, ist es gerade bei Ausschreibungen für technische Führungspositionen sehr wichtig, die Anzeige genau zu analysieren. Nur so lässt sich der Kern des geforderten Profils herausarbeiten.

Informationen über das Unternehmen

Ungewöhnlich an den Informationen über das Unternehmen ist, dass die Rechtsform fehlt. Für einen engagierten Bewerber sollte es aber keine Schwierigkeit sein, auf der Homepage des Unternehmens die entsprechende Angabe zu recherchieren. Die Branche, in der das Unternehmen tätig ist, wird genannt. Allerdings werden IT-Positionen häufig auch mit branchenfremden Bewerbern besetzt. Da das Unternehmen weltweit aufgestellt ist, dürften sehr gute Sprachkenntnisse, zumindest in Englisch, als selbstverständlich vorausgesetzt werden. Die angesprochene Expansion des Unternehmens lässt Aufbauarbeit erwarten.

Die zukünftigen Aufgaben

Der oder die Neue muss den reibungslosen Betrieb der IT-Infrastruktur garantieren. Dazu wird eine entsprechende Vorerfahrung in Führungspositionen zwingend notwendig sein. Da es nicht nur um nationale Netze, sondern auch um die europäische Struktur geht, sind Erfahrungen in internationaler Projektarbeit natürlich wünschenswert. Die Serverarchitekturen und Betriebssysteme werden ausdrücklich genannt, sodass der Schluss gezogen werden muss, dass auf konkrete Kenntnisse besonderer Wert gelegt wird.

Voraussetzungen des Bewerbers

Die Erwartungen an den Bewerber sind recht großzügig formuliert. Auch bei dieser Anzeige darf sich ein Bewerber nicht nur auf die ausführliche Darstellung der genannten Voraussetzungen verlassen, er muss die zukünftigen Aufgaben bei der Erstellung der Bewerbungsunterlagen im Blick behalten. Vom Bewerber wird erwartet, dass er weiß, worauf es in einer Leitungsfunktion im Bereich System-/Netzwerkbetreuung ankommt. Hervorgehoben wird die Bereitschaft zur ständigen Weiterbildung, um die IT-Strategie fortlaufend anzupassen und weiterzuentwickeln.

Kontaktdaten und Formelles

Bei der Besetzung dieser zentralen Stelle schaltet sich der Personalleiter, Herr Michael Tirus, persönlich ein. Er steht unter der genannten Durchwahl als Ansprechpartner zur Verfügung. Auch die E-Mail-Adresse verweist auf ihn. Dies zeigt die Wertschätzung, die der zu besetzenden Position im Unternehmen entgegengebracht wird. Die Angabe einer Faxnummer ist ungewöhnlich, sollte Bewerber aber nicht dazu verführen, Kurzbewerbungen per Fax loszuschicken. Beachtet werden sollte auch die Angabe des frühesten Eintrittstermins.

Dr.-Ing. Thorsten Halverbach, Ost-West-Chaussee 256, 40001 Düsseldorf
Tel. (0211) 234 43 32, Mobil (0172) 123 32 21, E-Mail: T.Halverbach@gmx.de

Herrn Michael Tirus bei _____ *?*
TRUCK
Daimlerstraße 1
D-45143 Essen

Düsseldorf, 20.02.2011

Bewerbung als Leiter/in System-/Netzwerkbetreuung _____ *m / w ?*
Stellenanzeige in der Computerwoche

Sehr geehrter Herr Tirus,

ich verfüge über mehrjährige Berufspraxis im IT-Umfeld, die Fähigkeit, technische Fragestellungen selbst zu lösen, und die Fähigkeit, Mitarbeiter kompetent zu führen und zu motivieren. Das entsprechende Marktwissen, um Ihre IT-Strategie fortlaufend anzupassen und weiterzuentwickeln, bringe ich ebenfalls mit.

Ich lege Wert auf eine anspruchsvolle Tätigkeit, die mir entscheidende Verantwortungsspielräume bietet. Auch bisher war ich im IT-Bereich schon erfolgreich tätig. Weiterqualifizierung war immer ein großes Interessengebiet von mir. So bin ich auch nicht bei dem Abschluss Diplom-Ingenieur stehen geblieben, sondern habe eine Promotion durchgeführt, die ich mit dem Grad Dr.-Ing. abgeschlossen habe. Um meinen Blick auch einmal über mein direktes Tätigkeitsfeld hinauszurichten, habe ich in meiner Dissertation die Relevanz der Chaostheorie als Steuerungsprinzip für hochkomplexe technische Systeme untersucht. *Herr Doktor*

Ich bin in ungekündigter Stellung tätig und kann Ihnen daher keine Angaben zu einem konkreten Eintrittstermin machen. Selbstverständlich erwarte ich die vertrauliche Behandlung meiner Bewerbung. Meine Gehaltsvorstellungen liegen bei 65 000 Euro jährlich. Für ein Gespräch stehe ich Ihnen nach vorangegangener sorgfältiger Absprache ebenfalls zur Verfügung.

MfG *wird nicht nötig sein !*

(Dr. Thorsten Halverbach)

Dr.-Ing. Thorsten Halverbach, Ost-West-Chaussee 256, 40001 Düsseldorf
Tel. (0211) 234 43 32, Mobil (0172) 123 32 21, E-Mail: T.Halverbach@gmx.de

Persönliche Daten Studium und Promotion	Geboren am 01.03.1963 in Darmstadt, verheiratet, 4 Kinder
10/1991 – 12/1997	Promotion an der TU Braunschweig, Dissertations-thema: »Relevanz der Chaostheorie als Steue-rungsprinzip für hoch komplexe technische Sys-teme«, daneben beschäftigt am <u>Lehrstuhl von Prof. Dr. Kleinschmidt</u> *Doktoren unter sich*
12/1998 – 12/2002	Ingenieursstudium an der Technischen Universi-tät Braunschweig, Fachrichtung Maschinenbau, Schwerpunkt Rechneranwendungen im Maschi-nenbau, zeitweise wissenschaftliche Hilfskraft am Institut für Konstruktionslehre
Schule und Wehrdienst 1981 – 1990 07/1990 – 09/1991	 Goethe-Gymnasium Darmstadt Wehrdienst, Panzerbataillon Düren
Berufstätigkeit 04/2003 – heute	 ComNet AG, Düsseldorf, Unternehmensbereich Informationstechnik, wechselnde Aufgaben, <u>zuletzt Projektleiter</u> *Entwicklung?* Tätigkeitsbereiche: Netzwerkmanagement Zertifizierung

tabellarisch einmal wörtlich genommen

Weiterbildung	Internetintegration
	Servicemanagement
	Infrastruktur-Projekte
	– Service-Level-Agreements in der DV
	– Firewall-Konzepte
	– Netzwerktopologien
Soft Skills ?	– Hostsystemanbindung durch 5000er-Emulationen
	– Fehlertoleranz bei Serversystemen
	– SAA Gateway
	– Multi Protocol Router
	– Einführung redundanter Backbone-Strukturen
	– Gigabit Switching
	– Intranet Services
	– Internet Security
	– Transaction-Observer-Standardisierung
Interessen	– Meine Familie
	– Internetsurfen
	– PC-Zusammenbau

wann erstellt?

Theoretiker – nichts für uns !
→ Absage !

Kommentar
Fehlerhafte Bewerbungsunterlagen Leiter System-/Netzwerkbetreuung

Anschreiben

Fehler

Ich, ich, ich

Der Bewerber stellt nicht die Anforderungen der ausgeschriebenen Position, sondern sich selbst in den Mittelpunkt des Anschreibens. Er beginnt gleich mit einem »ich« und leitet auch alle weiteren Absätze des Anschreibentextes mit der gleichen Egozentrik ein. Dazu passt auch, dass sich Dr. Halverbach bei der Darstellung seiner Qualifikation komplett zurückhält, aber seinen Gehaltswunsch konkret aufführt.

Fehler

Abgeschrieben

In seinem ersten Absatz liefert Dr. Halverbach wortwörtlich eine Abschrift des Anzeigentextes. Dies wird bei Personalverantwortlichen als schlimmer Fauxpas gewertet, da die Individualität des Bewerbers dadurch nicht sichtbar werden kann. Auch im weiteren Verlauf des Anschreibens fehlen Belege dafür, dass der Bewerber die Voraussetzungen erfüllt. Eher amüsant ist die Tatsache, dass der Bewerber nicht nur den Anzeigentext abschreibt, sondern auch wortwörtlich den Titel der Ausschreibung »Leiter/in System-/Netzwerkbetreuung« verwendet. Es ist zwar positiv, dass er sich nicht generell, sondern auf eine konkrete Position bewirbt. Aber in der Übernahme der weiblichen Endung übertreibt Dr. Halverbach.

Fehler

Gefangen im Elfenbeinturm

Statt auf seine beruflichen Erfahrungen einzugehen, steht im Mittelpunkt des Anschreibens die Promotion von Dr. Halverbach. Mit seiner Formulierung »so bin ich auch nicht bei dem Abschluss Diplom-Ingenieur stehen geblieben« schafft er es, alle Ingenieure, die nicht promoviert haben, zu beleidigen. Es wird eine berufsferne Begeisterung für den theorielastigen Wissenschaftsbetrieb deutlich, die ihn nicht gerade für eine Führungsposition in der Wirtschaft empfiehlt.

Fehler

Mangelnde Aussagekraft

Außer mit den abgeschriebenen Formulierungen aus der Anzeige geht der Kandidat nicht auf die Anforderungen der neuen Position ein. Das Anschreiben wirkt wie mit der heißen Nadel gestrickt. Die Rechtsform des Unternehmens wurde nicht recherchiert. Schon bei der Anschrift geht Herr Halverbach den einfachsten Weg, indem er es an »Herrn Michael Tirus bei TRUCK« adressiert. Auch das Kürzel »MfG« wirkt nicht freundlich, sondern wie dem Empfänger an den Kopf geworfen.

Lebenslauf

Fehler

Aufmachung

Mit der für den Lebenslauf gewählten Tabellenform sorgt Dr. Halverbach zwar für einen technischen Look. Wie bei seiner Adresse verschwimmen die Informationen aber bei dieser Gestaltung vor den Augen. Die Forderung nach einem tabellarischen Lebenslauf ist von diesem Bewerber zu wörtlich genommen worden. Dafür hat er kein Erstellungsdatum angegeben, was vermuten lässt, dass er einen größeren Bestand von allgemein gehaltenen Lebensläufen für verschiedene Bewerbungen angelegt hat.

Fehler

Hochschullastigkeit

Der Beschreibung von Studium und Promotion wird mehr Platz eingeräumt als der Darstellung beruflicher Stationen. Die Angabe der Dissertation lässt eher die Bewerbung eines Hochschulabsolventen als die eines führungserfahrenen IT-Spezialisten vermuten. Problematisch ist auch die Angabe des die Dissertation betreuenden Professors, für den er vermutlich auch als wissenschaftlicher Assistent tätig war. Dies wird als Hinweis auf eine sehr autoritär geprägte Persönlichkeit gewertet werden. Dr. Halverbach scheint weniger moderne Führungsprinzipien anzuwenden und sich vorrangig auf Autorität durch Hierarchie zurückzuziehen.

Fehler

Mangelnde Entwicklung

Es sollte verwundern, wenn Dr. Halverbach während seiner achtjährigen Tätigkeit für die ComNet AG nur eine Position bekleidet hätte. Zwar lässt er anklingen, dass ihm wechselnde Aufgaben zugeteilt wurden. Ausdrücklich genannt ist jedoch nur die Tätigkeit »Projektleiter«. Es ist aus den Unterlagen jedoch nicht zu ersehen, ob und wie er sich im Unternehmen entwickelt hat. Der Leser könnte daher auch vermuten, dass Dr. Halverbach direkt nach dem Studium als Projektleiter eingestiegen und auf dieser Position hängen geblieben ist. Mit der Angabe der Tätigkeitsbereiche geht Herr Halverbach wenigstens etwas auf den Personalleiter zu. Wirklich überzeugend sind die aufgeführten Stichworte jedoch nicht. Eine Übereinstimmung mit zukünftigen Aufgaben müsste schlichtweg erraten werden.

Fehler

Ausschließlich fachliche Weiterbildung

In der ausgeschriebenen Leitungsfunktion ist mehr gefragt als reines Fachwissen. Daher ist es ungünstig, dass Dr. Halverbach nur auf die Weiterbildungen in seinem Fachgebiet eingeht. Zudem sind die Angaben nur für Spezialisten verständlich und gehen nicht auf die in der Anzeige geforderten Kenntnisse ein.

Fehler

Fragliche Hobbys

Die von Dr. Halverbach angegebenen Interessen »Meine Familie und Internetsurfen« geben Selbstverständlichkeiten an und dienen nicht zur Klärung des Bildes vom Bewerber. Dass sich der Bewerber mit »PC-Zusammenbau« beschäftigt, soll wahrscheinlich die Begeisterung für den IT-Bereich unterstreichen. Es kann aber auch vermutet werden, dass Dr. Halverbach ein Nebengewerbe betreibt und somit berufliches Engagement von seinen eigentlichen Aufgaben im Unternehmen abzieht.

Fazit

Absage.

Dr.-Ing. Thorsten Halverbach • Ost-West-Chaussee 256 • 40001 Düsseldorf

Tel. 0211 2344332 • Mobil 0172 1233221 • E-Mail: T.Halverbach@gmx.de

TRUCK AG
Herrn Michael Tirus
Daimlerstraße 1
45143 Essen

Gute Gestaltung !

Düsseldorf, 20.02.2011

Bewerbung als Leiter System-/Netzwerkbetreuung
Stellenanzeige in der Computerwoche und unser Telefongespräch

Sehr geehrter Herr Tirus,

dass mein Profil bei Ihnen Anklang gefunden hat, freut mich sehr. Hier sind die von Ihnen gewünschten weiterführenden Informationen.

Seit acht Jahren bin ich in leitenden Funktionen im Bereich System- und Netzwerkbetreuung tätig. Momen- *(/)*
tan leite ich als IT-Projektkoordinator Europa 35 Mitarbeiter und bin verantwortlich für den reibungslosen Betrieb der europäischen Infrastruktur. Dazu gehört die Weiterentwicklung des IT-Service-Managements ebenso wie die Klärung strategischer Fragen. Als IT-Projektkoordinator habe ich die Aufgaben beendet, die ich als Abteilungsleiter Netzwerktechnik im gleichen Unternehmen begonnen habe: die Einführung ausfall-sicherer Netzwerkstrukturen mit einer vollständigen Integration der Fachbereichsnetze.

Die Betreuung der von Ihnen angesprochenen Serverarchitekturen und Betriebssysteme ist auch jetzt schon Hauptbestandteil meines Aufgabengebietes. Durch eine ständige Evaluierung der Serverplattformen kann ich die IT-Strategie fortlaufend den Erfordernissen anpassen und zukunftssicher gestalten. Mitarbeiterschu-lungen, auch im internationalen Zusammenhang, fallen ebenfalls in meine Zuständigkeit. Selbstverständ-lich spreche ich verhandlungssicher Englisch. Ich könnte Ihnen frühestens zum 01.06.2011 zur Verfügung stehen. Über eine Einladung zu einem Vorstellungsgespräch würde ich mich freuen.   *okay !*

Mit freundlichen Grüßen

Anlagen

Dr.-Ing. Thorsten Halverbach • Ost-West-Chaussee 256 • 40001 Düsseldorf

Tel. 0211 2344332 • Mobil 0172 1233221 • E-Mail: T.Halverbach@gmx.de

LEBENSLAUF

Persönliche Daten
Geb. am 01.03.1971 in Darmstadt
verheiratet, 4 Kinder

Berufstätigkeit

04/2003 – heute	ComNet AG, Düsseldorf, Bereich Informationstechnik

seit 04/2009   IT-Projektkoordinator Europa, verantwortlich für 5 Projektleiter und 30 Mitarbeiter, Aufgaben:
- Koordination der IT-Infrastruktur-Projekte
- Weiterentwicklung des IT-Service-Managements für die Service-Einheiten
- Bestandsaufnahme und Weiterentwicklung der IT-Infrastrukturen (Windows NT, UNIX, Oracle)
- Strategiespezifikation: Evaluierung von MS-Windows-Server-Plattformen und Konsolidierung der Server-Einheiten

07/2005 – 03/2009   Abteilungsleiter Netzwerktechnik, verantwortlich für 10 Mitarbeiter, Aufgaben:
- Reorganisation der Abteilung: Einführung ausfallsicherer Netzwerkstrukturen
- Integration der Fachbereichsnetze
- Bereitstellung der Netzwerk-Infrastruktur für SAP-Systeme
- Mitwirkung an der ISO-9001-Zertifizierung
- Mitarbeiterschulung

04/2004 – 06/2005   Teamleiter Netzwerktechnik, verantwortlich für sechs Mitarbeiter, Aufgaben:
- Planung, Bereitstellung und Betreuung von 50 Servern unter Windows
- Aufbau einer flächendeckenden Netzwerkinfrastruktur

04/2003 – 03/2004   Projektleiter, Aufgaben:
- Projektleitung Netzwerkmanagement

Aufstieg, leistungsorientiert

Studium und Promotion

15.03.2003	Dr.-Ing., Promotion an der TU Braunschweig
12/1997 – 12/2002	TU Braunschweig, Institut für Konstruktionslehre, wissenschaftlicher Mitarbeiter: Vernetzung und Aufbau von Client-Server-Einheiten
31.01.1998	Diplom-Ingenieur
10/1991 – 12/1997	TU Braunschweig, Studium des Maschinenbaus, Schwerpunkt: Rechneranwendungen im Maschinenbau

Schule und Wehrdienst

07/1990– 09/1991	Wehrdienst, Panzerbataillon Düren
30.06.1990	Abitur am Goethe-Gymnasium Darmstadt

Weiterbildung

Regelmäßiger Besuch der Netzwerkmesse Exponet und der Computermesse CeBIT

02/2009	Karriereakademie, Erfolgreiche Verhandlungsführung
04/2008– 08/2008	Inlingua, Technical English I, II und III
11/2007	Technik-Akademie Bochum, TQM-Seminare I und II (Problemlösetechniken, Prozessverbesserungen)
06/2006	Management Academy, Führungsseminar I und II
01/2006	Karriereakademie, Mitarbeiter- und Beurteilungsgespräche führen
05/2004	IT-Consulting, Service-Level-Agreements in der DV
04/2004	IT-Consulting, Firewall-Konzepte

gut !

Zusatzqualifikationen

Englisch (verhandlungssicher)

Ausgewählte Projekte *!*

- Mitglied der Management Task Force für den Jahrtausendwechsel
- Aufbau einer Intranet-Infrastruktur mit UNIX-Applikationsservern
- Migration der Mailserver nach Windows NT
- Aufbau der Internet-Security-Infrastruktur (Firewall)   *okay !*
- Produktstandardisierung, Lieferanten- und Vertragsmanagement

Düsseldorf, 20.02.2011

[Unterschrift]

vielversprechender Bewerber !

Termin für Vorstellungsgespräch vereinbaren

Kommentar
Überzeugende Bewerbungsunterlagen Leiter System-/Netzwerkbetreuung

Anschreiben

Überzeugend

Aufmachung

Das Anschreiben ist überzeugend gestaltet. Alle Formalien, wie Kontaktdaten, Firmenanschrift, Position, Fundstelle der Anzeige, persönliche Ansprache, sind erfüllt. In der Bezugzeile fehlt zwar das Datum der Stellenausschreibung. Da der Bewerber aber bereits ein Telefongespräch mit dem Personalleiter geführt hat, kann dies vernachlässigt werden. Insgesamt ist die Aufmachung ansprechend. Durch die Angabe seiner Adresse in einer Kopfzeile gewinnt Dr. Halverbach mehr Platz für die Ausführungen zu seiner Qualifikation.

Überzeugend

Nähe zum neuen Aufgabengebiet

Im sehr übersichtlich in drei Absätze gegliederten Anschreibentext geht der Bewerber sehr dezidiert auf die Aufgaben als Leiter System-/Netzwerkbetreuung ein. Da sich seine momentane Position trotz anderer Berufsbezeichnung sehr stark mit der ausgeschriebenen Stelle deckt, ist dies der richtige Weg. Dass Dr. Halverbach den reibungslosen Betrieb der europäischen IT-Infrastruktur sicherstellen kann, wird aus seinen Erfahrungen in der IT-Projektkoordination, seinen strategischen Aufgaben, der Weiterentwicklung des IT-Service-Managements und der Einführung ausfallsicherer Netzwerkstrukturen deutlich. Der Leser kann schnell erkennen, dass der Bewerber in der Lage ist, die neue Stelle kompetent auszufüllen.

Überzeugend

Führungserfahrung

Einen Fehler, der häufig bei Bewerbungen von Ingenieuren auftritt, vermeidet Dr. Halverbach sorgfältig: Er überlädt das Anschreiben nicht mit Angaben zu technischen Spezifikationen, sondern geht richtigerweise auf seine Managementerfahrung ein. Auch die Zahl der ihm zugeordneten Mitarbeiter wird von ihm ausdrücklich genannt. Der Bewerber beschränkt sich nicht darauf, formal eine Führungsposition innezuhaben, sondern er skizziert, was für ihn zur Führung dazugehört: die Einbindung des Mitarbeiter-Know-hows, um Netzwerkstrukturen ausfallsicher zu machen und ständig weiterzuentwickeln. Um die IT-Strategie fortlaufend anpassen zu können, nimmt Dr. Halverbach auch Mitarbeiterschulungen vor.

Überzeugend

Vollständige Informationen

Alle vom Unternehmen gewünschten Informationen finden sich im Anschreiben. Dr. Halverbach geht sowohl auf die fachlichen als auch auf die außerfachlichen Forderungen des neuen Arbeitgebers ein. Die Voraussetzungen zur Position werden von ihm mit geschickten Umschreibungen als von seiner Seite erfüllt dargestellt. Für Personalverantwortliche wird sichtbar, dass dieser Bewerber technische Fragestellungen eigenständig lösen kann und das entsprechende Marktwissen zur fortlaufenden Anpassung der IT-Strategie mitbringt. Ohne dass es ausdrücklich gefordert wurde, verweist Dr. Halverbach auf seine Erfahrungen im internationalen Umfeld, für ein weltweit tätiges Unternehmen sicherlich nicht unerheblich. Auch der eingeforderte früheste Eintrittstermin wird vom Bewerber genannt.

Lebenslauf

Überzeugend *Untergliederung langjähriger Tätigkeit*	Der konsequente Aufstieg, den der Bewerber aufgrund seiner guten Leistungen im Unternehmen vollziehen konnte, wird durch die Nennung der einzelnen Stationen bei seinem jetzigen Arbeitgeber klar herausgearbeitet. So wird auch das Hineinwachsen in Führungsverantwortung plausibel.
Überzeugend *Aufgabenzentrierung*	Aufgaben, die vom Bewerber bereits bewältigt wurden und auch in der ausgeschriebenen Stelle zum Tragen kommen, werden von Dr. Halverbach mit Aufzählungszeichen herausgestellt. Geschickt koppelt er seine Soft Skills mit den fachlichen Kenntnissen. Beispielsweise werden durch die von ihm verantworteten Bestandsaufnahmen von Windows NT-, UNIX- und Oracle-Strukturen sowohl die gefragten IT-Fachkenntnisse als auch seine analytischen Fähigkeiten deutlich.
Überzeugend *Konsequente Weiterbildung*	In dem Block Weiterbildung nennt Dr. Halverbach nicht nur technische Seminare, sondern auch seine Weiterbildung im Managementbereich und den Ausbau seiner Sprachkenntnisse. Dass er stets auf dem Laufenden bleibt, verdeutlichen seine Messebesuche.
Überzeugend *Ausgewählte Projekte*	Mit dem Block Ausgewählte Projekte werden die bisherigen Angaben im Lebenslauf sinnvoll unterstützt. Es handelt sich hier um eine »Leistungsbilanz im Kleinen«.
Überzeugend *Hard- und Software im Griff*	Da in der Stellenanzeige ausdrücklich auf Windows NT-, Novell- und UNIX-Kenntnisse abgehoben wurde, stellt Dr. Halverbach diese Kenntnisse in seinem Lebenslauf heraus. Dabei ordnet er die nachgefragten Kenntnisse Verantwortungsbereichen in seinen Tätigkeiten zu. Auf einen Blick wird so deutlich, dass er täglich das geforderte IT-Wissen einsetzt.
Fazit	Ein Top-Bewerber, der mit seinen Unterlagen zeigt, dass er der Richtige für die ausgeschriebene Stelle ist. Auf die detaillierten Wünsche des Unternehmens geht der Kandidat ein und leistet sowohl im Anschreiben als auch im Lebenslauf argumentative Überzeugungsarbeit. Diese Bewerbung ist eine Freude für jeden Personalleiter! Wenn Herr Dr. Halverbach im Vorstellungsgespräch gleichermaßen punktet, ist ihm die neue Stelle sicher.

Yvonne Böckler

Ernst-Barlach-Ring 462
35397 Gießen
Tel. 0641 9876554
E-Mail: Y.Boeckler@yahoo.com

Konsumgüter AG
Human Resources Management
Herr Achim Manthey
Industriestraße 112–116
67056 Ludwigshafen

Gießen, 15.05.2011

Bewerbung als Leiterin Marketing
Ihre Anzeige im Handelsblatt vom 08.05.2011

Sehr geehrter Herr Manthey,

momentan betreue ich verantwortlich die strategische Projektsteuerung im Unternehmensbereich Marketing und Vertrieb der Handelshaus GmbH & Co. KG aA. Die Beurteilung und Umsetzung internationaler Vermarktungsprojekte gehört ebenso in meinen Verantwortungsbereich wie das Controlling durchgeführter Vertriebs- und Marketingmaßnahmen. Daneben bin ich als Sprecherin des Unternehmensbereiches sowohl für die PR als auch für die Gestaltung der Beziehungen zu Geschäftspartnern zuständig. *gut!*

Nach dem Abschluss meines Studiums der Betriebswirtschaft war ich für die Werbeartikel GmbH als Einkäuferin tätig. Dort gehörten zu meinen Aufgaben die Warenbeschaffung, die Lieferantenauswahl und die Sortimentsanalyse. Für meine momentane Position habe ich mich über Tätigkeiten als Vertriebs- und Marketingassistentin qualifiziert, in denen ich Werbekonzepte entwickelt und umgesetzt, die Verkaufsförderung betreut und Marktanalysen durchgeführt habe. Seit 2007 bin ich als Führungskraft tätig und direkt dem Geschäftsführer unterstellt.

Aufgrund meiner international ausgerichteten Aufgabenbereiche sind sehr gute Englischkenntnisse für mich selbstverständlich. Gute Russischkenntnisse und gezielte Weiterbildungen an der Schnittstelle von Vertrieb und Marketing ergänzen mein Profil. Ich möchte meine berufliche Entwicklung im Handel auf der Grundlage der von mir bisher erreichten Markterfolge bei Ihnen vorantreiben. Für ein vertiefendes Gespräch stehe ich Ihnen gerne zur Verfügung.

Mit freundlichen Grüßen

Anlagen

Yvonne Böckler

Ernst-Barlach-Ring 462

35397 Gießen

Tel. 0641 9876554

E-Mail: Y.Boeckler@yahoo.com

Persönliche Daten

geb. am 10.09.1974 in München

Berufspraxis

07.2007 bis heute	Handelshaus GmbH & Co. KG aA, Würzburg, Unternehmensbereich Marketing und Vertrieb, Position <u>Managerin Strategische Projektsteuerung,</u> Tätigkeiten: Beurteilung und Steuerung internationaler Vermarktungsprojekte, Produktdefinitionen, Erstellung von Marketingbudgets, Sprecherin des Unternehmensbereiches, Überprüfung und Bewertung durchgeführter Vertriebs- und Marketingmaßnahmen, Markt-, Verbraucher- und Wettbewerbsanalysen, Gestaltung und Umsetzung von Marketingstrategien
07.2004 bis 06.2007	Lykra GmbH, München, Abteilung Marketing, Position <u>Marketingassistentin</u> Tätigkeiten: Organisation und Leitung von Promotionveranstaltungen, Werbemittelbeschaffung, Anzeigenschaltung, Betreuung der Fachpresse
10.2002 bis 06.2004	Kurzwaren KG, München, Abteilung Verkaufsförderung, Position <u>Vertriebsassistentin,</u> Tätigkeiten: Entwicklung und Umsetzung von Direktmarketingaktionen, Katalog- und Werbeträgeraktualisierung, Aufbereitung statistischer Daten
08.2001 bis 07.2002	Werbeartikel GmbH, Nürnberg, Abteilung Einkauf, Position <u>Einkäuferin,</u> Tätigkeiten: Warenbeschaffung, Einholen von Angeboten, Sicherstellung von Lieferterminen, Dokumentation von Preis- und Lieferbedingungen

Studium, Auslandsaufenthalt, Schule

10.06.2001	Diplom-Betriebswirtin (FH)
10.2006 bis 06.2001	Fachhochschule Passau, Studium der Betriebswirtschaft, Schwerpunkte Marketing und Personal
10.1999 bis 02.2000	Auslandssemester an der Sunderland University, Großbritannien
09.1995 bis 08.1997	Auslandsaufenthalt in Boston, USA, Au-pair
12.07.1995	Fachhochschulreife

Zusatzqualifikationen

Sprachen	Englisch (sehr gut) / Russisch (gut)
EDV	MS-Excel und MS-WinWord (sehr gut), MS-PowerPoint (gut)

Weiterbildungen

10.2009	Channel-Marketing (WorldWideSuccess/WWS)
08.2009	Controlling im Vertrieb (Management Group)
06.2009	Fokussierung von Vertriebszielen (SalesAkad)
01.2008	Strategische Sales-Aktivitäten (Management Group)
08.2007	Führungskräfte Intensivtraining: Motivieren, präsentieren, kritisieren (Karriereakademie)
04.2007	Erfolgsfaktor Messeauftritte (SalesAkad)
09.2006	Erstellung von Marketingplänen (Böhnisch & Partner)
11.2004	Erfolgreiche Verhandlungsführung (Karriereakademie)
02.2003	Direktmarketing für Praktiker (Inhouse Marketing)

Aktuelle Vertriebs- und Marketingerfolge   —— *vielversprechend !*

- Erfolgreiche Einführung der Produktlinie Taking Care of Business (Bürozubehör) in südeuropäischen Märkten
- Ausbau der Marktposition von Day-Planner (Terminplanungssysteme) um 15 Prozent in Deutschland
- Aufbau einer marktbeherrschenden Stellung von Gold&Silver-Pen (Luxusschreibgeräte) in Osteuropa

Gießen, 15.05.2011

informative Unterlagen → einladen !

Kommentar
Überzeugende Bewerbungsunterlagen Leiterin Marketing

Anschreiben

Überzeugend

Klare Gliederung

Das Anschreiben von Frau Böckler ist übersichtlich gestaltet. Auch der Anschreibentext ist klar gegliedert, weshalb eine Orientierung im Anschreiben leichtfällt. Die Kontaktdaten der Bewerberin sind vollständig, sie hat auch eine private E-Mail-Adresse angegeben. Auch hat sie auf unangemessene Abkürzungen verzichtet. Hier wird echte Informationsarbeit geleistet. Es wird deutlich, dass die Bewerberin ihr Profil kompetent darstellen kann.

Überzeugend

Passgenauigkeit

Frau Böckler nutzt den wertvollen Platz im Anschreiben, um ihr Profil so nah wie möglich auf die ausgeschriebene Stelle auszurichten. Sie verschenkt keinen Platz mit inhaltsleeren Floskeln, sondern steigt gleich zu Beginn des Anschreibentextes in den Profilabgleich ein, um ihre Passgenauigkeit zur ausgeschriebenen Stelle deutlich zu machen. Als Marketingleiterin muss sie über Marketing- und Führungserfahrung verfügen; darauf geht Frau Böckler ein, indem sie schreibt: »momentan betreue ich im Unternehmensbereich Marketing und Vertrieb der Handelshaus GmbH & Co. KG aA verantwortlich die strategische Projektsteuerung«. Die berufsqualifizierenden Abschlüsse werden von ihr ebenso aufgeführt wie die Beschaffungserfahrung, die sie in ihrer Einstiegsposition als Einkäuferin sammeln konnte. Es zeigt sich dadurch, dass sich Frau Böckler intensiv Gedanken über ihre Eignung für die ausgeschriebene Stelle gemacht hat.

Überzeugend

Konsequente Weiterentwicklung

Im zweiten Absatz des Anschreibentextes liefert Frau Böckler einen kurzen Abriss ihrer bisherigen beruflichen Entwicklung. Auf diese Weise macht sie den roten Faden in ihrem Werdegang sichtbar. Es wird auch plausibel, dass die zu vergebende Position »Leiterin Marketing« der nächste konsequente Karriereschritt für sie wäre. Frau Böckler konzentriert sich ganz auf die beruflichen Aspekte ihrer Entwicklung, Privates wird von ihr nicht thematisiert und kann daher beim Leser auch nicht als Stolperstein wirken.

Überzeugend

Kandidatin denkt mit

Auch wenn in Stellenanzeigen manche Anforderungen nicht explizit genannt werden, lohnt es sich, sich Gedanken zu machen, welche Erfahrungen und Fähigkeiten für das Wunschunternehmen noch von Nutzen sein könnten. Frau Böckler hat sich diese Gedanken gemacht und stellt nun ihre Erfahrungen an der Schnittstelle von Vertrieb und Marketing heraus, da die ausgeschriebene Position über reine Marketingarbeit hinausgeht. Und da sie sich bei einer paneuropäisch agierenden Firma bewirbt, bringt sie außerdem noch ihre guten Russischkenntnisse ins Spiel.

Lebenslauf

Überzeugend

Verzicht auf irritierende Angaben

Auf einen kurzen Zeitraum der Neuorientierung und damit einhergehenden Nichtbeschäftigung im Jahr 2002, der nur zwei Monate betrug, geht sie nicht explizit ein. Zwei Monate sind für Bewerbungsaktivitäten und das Durchlaufen von Auswahlverfahren bei der Suche nach einer neuen Stelle auf jeden Fall angemessen und bedürfen daher keiner weiteren Erklärung.

Überzeugend

Ausführliche Tätigkeitsangaben

Was Frau Böckler in den einzelnen Stationen ihrer Berufstätigkeit gemacht hat, ist aus den Tätigkeitsangaben ersichtlich. Vage Formulierungen haben keinen Platz im Lebenslauf der Bewerberin. Auch vermeidet es Frau Böckler, sich unter Wert zu verkaufen, und hat für die Darstellung im Lebenslauf die aussagekräftigsten Tätigkeitsangaben ausgewählt. Dabei hat sie den ihr zur Verfügung stehenden Spielraum genutzt und diejenigen Tätigkeiten in den Vordergrund gestellt, die auch in der neuen Position zum Tragen kommen.

Überzeugend

Gezielte Weiterbildungen

Die von der Bewerberin angegebenen Weiterbildungsmaßnahmen unterstreichen ihre Weiterentwicklung im Beruf. Frau Böckler hat in jeder Station Weiterbildungsbereitschaft gezeigt und für ihre jeweiligen Aufgabenbereiche sinnvolle Seminare und Trainings besucht.

Überzeugend

Kleine Leistungsbilanz

Mit dem Block »Aktuelle Vertriebs- und Marketingerfolge« hat Frau Böckler eine kleine Leistungsbilanz in den Lebenslauf integriert. Geschickt macht sie auf diese Weise das geforderte Marktgespür, ihre Verhandlungsstärke und Kreativität an konkreten Beispielen deutlich. Auf Unternehmensseite muss nicht darüber gerätselt werden, ob die Bewerberin erfolgreiche Arbeit in europäischen Märkten leisten kann. Die genannten Beispiele liefern die Referenz für ihren beruflichen Erfolg. Als positiver Nebeneffekt ergibt sich, dass die Eröffnung, die im ersten Abschnitt des Anschreibens mit dem Eingehen auf die Aufgaben in der neuen Position geleistet wurde, nun einen beeindruckenden Abschluss am Ende des Lebenslaufes findet.

Fazit

Ein sehr gutes Selbstmarketing der Marketingexpertin. Die Erfolge im Marketing und Vertrieb sind unbestreitbar. Eine Einladung zum Vorstellungsgespräch wird auf jeden Fall erfolgen.

Bewerbung
als Business Development Manager
bei Dr. Koch & Partner

√

*könnte zu
uns passen*

Michael Roland

Oberanger 87

80331 München

Telefon: 089 554455

E-Mail: michael.roland@freenet.de

Michael Roland, Oberanger 87, 80331 München
Telefon: 089 554455, E-Mail: michael.roland@freenet.de

Dr. Koch & Partner
Frau Hiltrud Kropf
Blumenstraße 237
40215 Düsseldorf

München, 12.05.2012

Bewerbung als Business Development Manager
Ihre Anzeige in der Jobbörse Stepstone und unser Telefongespräch vom 09.05.2012

informativ !

Sehr geehrte Frau Kropf,

über Ihr Interesse an meinem Profil habe ich mich sehr gefreut. Hier sind, wie besprochen, die ausführlichen Auskünfte zu meinen beruflichen Erfahrungen.

Im Aufbau von Geschäftsstellen verfüge ich bereits über umfassende Erfahrungen. Die Vermarktung von *gut !* Finanzdienstleistungskonzepten ist mir vertraut. Ich habe für die Finanzgesellschaft die Filiale München II aufgebaut und sowohl die Koordination von Markt- und Wettbewerbsanalysen übernommen als auch die Personalauswahl und die Geschäftsentwicklung verantwortet. Mir unterstellt sind insgesamt 15 Mitarbeiter, die ich in von mir mitentwickelte Vertriebsstrategien eingebunden und geschult habe.

Für meine heutige Tätigkeit kamen mir meine Erfahrungen als Assistent des Geschäftsführers bei der Büro-artikel AG zugute. Dort habe ich selbstständig Konditionenverhandlungen durchgeführt und Großkunden betreut. Mein damals erworbenes Wissen im Bereich Wettbewerber- und Marktanalysen habe ich genutzt, um die von mir geleitete Filiale in einem enger werdenden Versicherungsmarkt profitabel zu betreiben.

Nach meinem Studium der Betriebswirtschaft mit einer vorhergehenden Bankausbildung begann ich meine berufliche Laufbahn als Bezirksleiter im Außendienst. Ich spreche verhandlungssicher Englisch und beherrsche sicher die gängige Bürosoftware. Meine Gehaltsvorstellungen betragen 80 000 EUR p.a. Für ein persönliches Gespräch stehe ich Ihnen gerne zur Verfügung.

Mit freundlichen Grüßen

Michael Roland

Anlagen

Michael Roland, Oberanger 87, 80331 München
Telefon: 089 554455, E-Mail: michael.roland@freenet.de

Lebenslauf Seite 1

Persönliche Daten

geb. am 04.04.1977 in Bayreuth
verheiratet, eine Tochter (4 Jahre)

Berufserfahrung

10/2008 – heute   **Filialleiter** bei der Finanzgesellschaft mbH, Filiale München II
– Leitung von 5 Mitarbeitern im Innendienst und 10 Mitarbeitern im Außendienst
– Vermarktung von Finanzdienstleistungskonzepten
– Aufbau der Filiale
– Konkurrenzanalysen
– Außendienststeuerung
– Personalauswahl
– Marktforschung
– Entwicklung von Vertriebsstrategien
– Festes Mitglied der konzernweiten Projektgruppe »European Benchmarking«

01/2005 – 09/2008   **Assistent des Geschäftsführers** bei der Büroartikel AG, Nürnberg
– Großkundenbetreuung
– Konditionenverhandlungen
– Umsatzplanung
– Budgetkontrolle
– Sonderaufgabe »Einführung von Wettbewerberanalysen«
– Projekt »Marketing Database«

06/2003 – 12/2004   **Bezirksleiter** bei der Industrie Leasing AG, Würzburg
– Leitung von 4 Außendienstmitarbeitern
– Verkaufsgebietsbetreuung
– Kundenstammsicherung und -erweiterung
– Umsatzverantwortung
– Produktschulung

Michael Roland, Oberanger 87, 80331 München
Telefon: 089 554455, E-Mail: michael.roland@freenet.de

Lebenslauf Seite 2

Studium/Ausbildung/Schule

10/1998 – 04/2003	Studium der Betriebswirtschaftslehre an der Fachhochschule Regensburg
(15.04.2003)	Diplom-Betriebswirt (FH) ✓
08/1995 – 07/1998	Ausbildung zum Bankkaufmann bei der Volksbank Bayreuth
(12.07.1998)	Bankkaufmann ✓
30.06.1995	Fachhochschulreife an der Fachoberschule Augsburg

Weiterbildung

03/2011	SR-Team, Böblingen: »Gestaltung und Realisierung von Kooperationsstrategien«
10/2009	VertriebsAkademie, München: »Sales Support in der Praxis«
03/2009	IHK Augsburg: »Schwierige Mitarbeitergespräche«
04/2008	SR-Team, Böblingen: »Konzeption und Umsetzung langfristig erfolgreicher Unternehmensziele« *gut!*

Zusatzqualifikationen

Sprachen	Englisch (verhandlungssicher), Italienisch (gut)
EDV-Kenntnisse	MS-Office (ständig in Anwendung)
	Datenbanken (sehr gut)

Michael Roland

München, 12.05.2012

passgenauer Bewerber
→ Vorstellungsgespräch !

Kommentar
Überzeugende Bewerbungsunterlagen Business Development Manager

Deckblatt

Überzeugend

Positionsbezogen

Gleich mit seinem Deckblatt macht Herr Roland seine Absicht deutlich, eine auf die Ausschreibung zugeschnittene Bewerbungsmappe abzuliefern. Als Headline des Deckblattes fungiert die Schlagzeile »Bewerbung als Business Development Manager«.

Überzeugend

Visueller Auftritt

Das Deckblatt bietet eine gute Seitenaufteilung. Es wirkt klar und modern, was auch durch das Bewerbungsfoto im Querformat unterstrichen wird. Denn um den ersten optischen Eindruck zu verstärken, hat Herr Roland ein etwas größeres Fotoformat gewählt. Das Deckblatt weckt Interesse an den Qualifikationen, die hinter der abgebildeten Person stehen.

Anschreiben

Überzeugend

Moderner Stil

Die gestalterisch sichere Aufbereitung des Deckblattes setzt sich beim Anschreiben fort. Auch hier ist eine gute Blattaufteilung gewählt. Herr Roland bringt die Ausführungen über seine Qualifikationen in einer lesefreundlichen Form unter. Die Schrift ist groß genug, und der Text ist in sinnvolle Absätze untergliedert.

Überzeugend

Übersichtlichkeit

Die Kontaktdaten von Herrn Roland lassen sich auf einen Blick erfassen. Neben der Telefonnummer ist eine private E-Mail-Adresse angegeben. Sowohl die Betreffzeile mit der richtigen Stellenbezeichnung als auch die Bezugzeile mit der Fundstelle und dem Verweis auf das geführte Telefonat sind aussagekräftig. Die gute Gliederung des Textes erlaubt eine schnelle Informationsaufnahme.

Überzeugend

Telefonischer Kontakt

Der Bewerber weist darauf hin, dass er telefonisch Kontakt aufgenommen hat, bevor er das Anschreiben erstellte. Telefongespräch und Erstellungsdatum liegen so nah beieinander, dass von einer zielgerichteten Bewerbung ausgegangen werden kann. In der Einleitung seines Anschreibens verweist Herr Roland zudem explizit auf das Telefonat, um Frau Kropf positiv einzustimmen.

Überzeugend

Passgenauigkeit

Hier schreibt ein Bewerber, der verstanden hat, worauf es ankommt. Die Vorarbeit, eine intensive Auseinandersetzung mit der Stellenanzeige, hat sich gelohnt. So kann Herr Roland nicht nur auf das geforderte Know-how eingehen, sondern auch die weiteren in der Anzeige vorhandenen Informationen dazu nutzen, ein passgenaues Profil zu liefern. Nach der Einleitung werden im ersten Absatz die beruflichen Erfahrungen thematisiert, die direkt in der neuen Position verwertbar sind. Die Führungserfahrung wird konkret mit einer Mitarbeiterzahl belegt.

Überzeugend

Kandidat denkt mit

Nicht nur die gewünschte Gehaltsauskunft wird gegeben, auch die verhandlungssicheren Englischkenntnisse, die für eine Arbeit in internationalen Planungsteams notwendig sind, werden aufgeführt, ohne dass dies in der Stellenanzeige explizit gefordert worden wäre. Gleiches gilt für den sicheren Umgang mit gängiger Software.

Lebenslauf

Überzeugend

Aufmachung

Die Gestaltung des Lebenslaufes lehnt Herr Roland an die des Anschreibens an. Bei beiden verwendet er den gleichen Platz und die gleiche Formatierung für seine Adresse. So wirken die Unterlagen wie aus einem Guss und man kann ersehen, dass sie für diese Bewerbung angefertigt wurden.

Überzeugend

Berufliches Profil

Auf die Darstellung seiner Berufserfahrung verwendet Herr Roland fast die ganze erste Seite seines Lebenslaufes. Zu jeder beruflichen Station sind neben dem Arbeitgeber die genauen Tätigkeitsbezeichnungen und ausgewählte Aufgabengebiete angegeben. Die stichwortartige Nennung bisheriger Arbeitsinhalte macht schnell die Nähe zur ausgeschriebenen Position deutlich und unterstreicht das klare Profil des Bewerbers. Als Beleg für seine besondere Leistungsbereitschaft gibt Herr Roland neben den Aufgaben im Tagesgeschäft auch seine Engagements in Projektgruppen und bei Sonderaufgaben an. Auch hier wählt er wieder die besonderen Tätigkeiten, die eine größtmögliche Nähe zur neuen Position haben.

Überzeugend

Letzte Stelle zuerst

Damit die für eine Einstellungsentscheidung wesentlichen Punkte sofort ins Auge fallen, baut Herr Roland seinen Lebenslauf von der aktuellsten Position bis zum letzten Schulabschluss auf. Der Block »Berufserfahrung« erfährt die ihm zustehende Gewichtung. Alle Stationen sind mit Monats- und Jahresangaben versehen, Abschlussprüfungen auch mit Tagesdatum. Zweifel, ob Fehlzeiten bestehen oder ob Ausbildung oder Studium überhaupt erfolgreich abgeschlossen wurden, können so gar nicht erst entstehen.

Überzeugend

Unterstützung des Anschreibens

Die Angaben aus dem Anschreiben werden durch den Lebenslauf nachvollziehbar. Es zeigt sich, dass der Bewerber in seiner beruflichen Entwicklung immer komplexere Aufgaben übernommen hat und dass er sich bereits in die Eigenheiten der Finanzdienstleistungsbranche eingearbeitet hat. Die geforderten Abschlüsse »Studium der Betriebswirtschaft« und »Bankausbildung« werden mit dem Tagesdatum des Erwerbs belegt.

Überzeugend

Ausgewählte Weiterbildungsmaßnahmen

Sprach- und EDV-Kenntnisse sind mit Bewertung angegeben. Im Block »Weiterbildung« werden die wichtigsten Maßnahmen mit Anbieter und Kurstitel aufgeführt. Herr Roland beschränkt sich dabei auf diejenigen Maßnahmen, die für die Ausübung der neuen Stelle einen echten Gewinn darstellen.

Fazit

Ein Bewerber, der sich informiert hat, bevor er die Bewerbungsmappe erstellt hat, und der weiß, worauf es ankommt. Anschreiben und Lebenslauf enthalten alle relevanten Informationen. Die Bewerbung ist lesefreundlich und übersichtlich gestaltet. Ein echtes Highlight unter den üblicherweise eingehenden Bewerbungen. Die Einladung zum Vorstellungsgespräch wird erfolgen.

Tom Vandenhoek   privat 05432 9122345 • mobil 0179 4443322 • e-mail t.vandenhoeck@freenet.de
Milchstraße 3
50505 Paderborn

Personalberatung Erfolg GmbH
Herr Voigt
Landwehrstraße 28-32
64291 Darmstadt

Paderborn, 02.07.2012

Bewerbung als Projektmanager
Unser Telefongespräch von heute

Sehr geehrter Herr Voigt,

wie bereits am Telefon besprochen, möchte ich mein berufliches Profil als Projektleiter weiter ausbauen und
für Ihren Arbeitgeber als Projektmanager tätig werden.

Projektleitung erste Erfahrung

Seit sechs Jahren bin ich als Projektingenieur in verantwortlicher Position an der Schnittstelle von Technik
und Betriebswirtschaft tätig. Ich leite internationale Teams, die den Bereich der Systemintegration
betreuen. Neben meinen Engineeringtätigkeiten, in denen ich elektromechanische Sonderentwicklungen
mittels 2D- und 3D-CAD konstruiere, übernehme ich in der Projektleitung auch das Kostencontrolling und
die Terminplanung. Dabei binde ich externe Entwicklungsdienstleister in Projekte ein und überführe Kun-
denwünsche in konkrete Angebote.

In meiner jetzigen Tätigkeit kann ich auf die Erfahrungen beim erfolgreichen Aufbau des Geschäftsbereiches
Projektierung für meinen vorhergehenden Arbeitgeber zurückgreifen. Auch dort war ich bereits in internationalen Serviceteams tätig. Um die Projektabläufe bei meinem jetzigen Arbeitgeber zu optimieren, habe ich
ein abteilungsübergreifendes Wissensmanagement etabliert und Standardrichtlinien zur Optimierung von
Planungs- und Fertigungsvorgängen entwickelt und umgesetzt.

Ich spreche sehr gut englisch und habe meine betriebswirtschaftlichen Kenntnisse in einem berufsbeglei-
tenden Abendstudium vertieft. Über die Einladung zu einem weiterführenden Gespräch würde ich mich
freuen.

sehr gut!

Mit freundlichen Grüßen

Tom Vandenhoek

Anlagen

Tom Vandenhoek
Milchstraße 3
50505 Paderborn

privat 05432 9122345 • mobil 0179 4443322 • e-mail t.vandenhoeck@freenet.de

Zur Person
geb. am 24.10.1972
Geburtsort: Lingen
Familienstand: verheiratet
Staatsangehörigkeit: deutsch

Lebenslauf

Berufliche Stationen

01/2006 – heute   PROJEKTINGENIEUR   VISUAL DATA GMBH, PADERBORN

Projektleitung: ✓
– Leitung von nationalen und internationalen Teams mit bis zu 10 Projektmitgliedern
– Kostencontrolling und Terminplanung
– Analyse technischer Ausschreibungen und Angebotserstellung
– Zusammenarbeit mit externen Entwicklungsdienstleistern
– Kundenbetreuung und Anwenderschulung

Engineering: ✓
– Systemintegration
– Sonderentwicklungen im Bereich Mechanik/Elektronik
– technische Dokumentation
– 2D- und 3D-CAD-Konstruktion

Qualitätsmanagement: ✓
– Standardisierung von Planungs- und Fertigungsvorgängen
– Aufbau von Datenbanken zum abteilungsübergreifenden Wissensmanagement

09/2003 – 12/2005   ENTWICKLUNGSINGENIEUR   SONDERMASCHINEN KG, PADERBORN

– Aufbau des Geschäftsbereiches Projektierung
– Elektromechanische Systementwicklung
– Nationale und internationale Service- und Einrichtungseinsätze
– Erstellen von Anwender- und Servicemanuals

Lebenslauf Tom Vandenhoek Seite 2

05/1996 – 05/2003	TECHNISCHER KUNDENBERATER	KLIMAANLAGENBAU
	GEBR. SCHOLZ, HASELÜNNE	

– Entwicklung von Servicekonzepten zur Optimierung von Reparaturzeiten
– Schriftliche und telefonische Kundenberatung

Weiterbildung

03/2008 – 06/2011   Abendstudium der Betriebswirtschaftslehre an der Business School Osnabrück
– Betriebswirtschaft für Praktiker
– Controlling
– Kommunikation und Führung

persönliches WB-Engagement!

Studium

09/1992 – 03/1996   Studium des Maschinenbaus an der Fachhochschule Osnabrück
Abschluss: Diplom-Ingenieur

Schule und Wehrdienst

04/1991 – 09/1992   Grundwehrdienst in der Waffenerprobungsstelle Meppen
01/1989 – 02/1991   Fachgymnasium Osnabrück
Abschluss: Fachhochschulreife

Zusatzqualifikationen   ✓

EDV   SAP R/3, Project Manager, MS-Office, Oracle-Datenbanken
(alle ständig in Anwendung)
2D- und 3D-CAD-Programme: Catia, V4/5, AutoCad, SolidWorks
(alle ständig in Anwendung)

Sprachen   Englisch (sehr gut), Niederländisch (gut)

Paderborn, 02.07.2012

Tom Vandenhoek

Tom Vandenhoek
Milchstraße 3
50505 Paderborn

privat 05432 9122345 • mobil 0179 4443322 • e-mail t.vandenhoeck@freenet.de

Leistungsbilanz

ARBEITSSCHWERPUNKTE   *passt !*

- Elektromechanische Systemintegration
- Internationale Projektleitung
- Standardisierung von Planungs- und Fertigungsvorgängen
- Integration externer Entwicklungsdienstleister
- Kostencontrolling
- Projektierung
- 2D- und 3D-CAD-Konstruktion

AUSGEWÄHLTE PROJEKTE

- Planung der Videomonitorfertigung bei Ehrich & Sohn
- Inbetriebnahme einer Fertigungsstraße für Cockpitinstrumente des Automobilzulieferers BXT
- Akquisition, Spezifikation, Konstruktion des Wareneinlagerungssystems Logic Konzept
  für die Spedition Senker   *!*
- Projektleitung »Integration aller elektrischen und elektronischen Systeme für das Kreuzfahrtschiff
  Schwerin«
- Einrichtung des gläsernen Studios von Radio Westfalen

Termin für persönliches Gespräch vereinbaren !

Kommentar
Überzeugende Bewerbungsunterlagen Projektmanager

Anschreiben

Überzeugend

Prüfungsfreundlich

Die gesamte Aufmachung des Anschreibens ist sehr übersichtlich. Alle relevanten Informationen, inklusive kompletter Kontaktdaten, werden vermittelt. Der Anschreibentext ist klar gegliedert. Im ersten Absatz erklärt Herr Vandenhoek seine Motivation für den Stellenwechsel. Im zweiten gibt er die Nähe seiner bisherigen Aufgaben zur Wunschposition an. Im dritten Absatz macht er den roten Faden in seiner beruflichen Entwicklung sichtbar, um im vierten Block noch auf relevante Zusatzqualifikationen und seine betriebswirtschaftliche Weiterentwicklung einzugehen.

Überzeugend

Persönliche Ansprache

Herr Vandenhoek zeigt Initiative. Er hat nicht vor dem Griff zum Telefonhörer zurückgeschreckt und konnte bereits vor dem Absenden seiner Unterlagen einen persönlichen Kontakt zum Wunschunternehmen aufbauen. Sein Anschreiben hat er zeitnah zum Telefongespräch, sogar noch am gleichen Tag, verfasst. Der Personalreferent hat deshalb den Vorabkontakt noch frisch im Gedächtnis und kann die beiden Prüfungspunkte »echtes Interesse an der Stelle« und »Kommunikationsstärke« positiv beantworten. Herr Vandenhoek hat sich dadurch einen optimalen Start in die Prüfung seiner Bewerbungsunterlagen erarbeitet.

Überzeugend

Realistische Tätigkeitsvorschau

Im Anschreiben schafft es der Bewerber, Bezüge zwischen seiner momentanen Tätigkeit und der angestrebten Position herzustellen. Er betont seine Schnittstellenfunktion in der Projektleitung und dass er sowohl Ingenieursaufgaben als auch kaufmännische Tätigkeiten übernommen hat. Daneben ist er abteilungsübergreifend tätig und ebenso für die Zuliefererintegration verantwortlich. Es fehlen auch nicht die Hinweise auf seine Führungserfahrung und die Leitung internationaler Teams.

Überzeugend

Aufgreifen der Zusatzinformationen

Gleich beim Einstieg in den Anschreibentext hebt Herr Vandenhoek die aus dem Telefongespräch mit Herrn Voigt erfahrenen zusätzlichen Anforderungen bezüglich »Führungserfahrung«, »Systemintegration« und »3D-CAD-Kenntnisse« hervor. Sein Adressat, Herr Voigt, kann dadurch gleich erkennen, dass es sich um ein individuell angefertigtes Anschreiben handelt, und er wird positiv eingestimmt für die weitere Prüfung der Unterlagen.

Lebenslauf

Überzeugend

Gute Gestaltung

Im Lebenslauf greift Herr Vandenhoek die Gestaltung seiner Adresse und seiner Kontaktdaten aus dem Anschreiben auf. Die beiden Elemente der Bewerbungsmappe werden auf diese Weise auch optisch miteinander verbunden. Nach der positiven Einstimmung des Personalreferenten im Anschreiben erfolgt nun der persönliche Eindruck. Die Angaben zur Person hat Herr Vandenhoek links neben das Foto gestellt, um den Lebenslauf gleich mit dem Block »Berufliche Stationen« beginnen zu können. Positionsbezeichnung und Arbeitgeber sind ungewöhnlich gestaltet, sprechen aber an und springen dem Leser ins Auge. Die gebildeten Blöcke sind sinnvoll und erlauben eine gute Orientierung im Lebenslauf.

Überzeugend

Schwerpunkt aktuelle Tätigkeit

Der aktuellen Tätigkeit wird besonders breiter Raum in der Darstellung gewährt. Herr Vandenhoek unterteilt seine momentane Position bei der »Visual Data GmbH« in die drei Unterpunkte »Projektleitung«, »Engineering« und »Qualitätsmanagement«. Auch hier hat er an erster Stelle den Bereich mit der größten Nähe zur angestrebten neuen Position genannt. Für die von ihm ausgeübte Schnittstellenfunktion ist die gewählte Unterteilung der goldene Weg. Herr Vandenhoek vermeidet es auf diese Weise, sich zu sehr auf technische Tätigkeiten oder auf organisatorische Aufgaben einzuengen.

Überzeugend

Aussagekraft

Bei den gewählten Tätigkeitsangaben achtet Herr Vandenhoek auf größtmögliche Aussagekraft. Wiederum verwendet er die in dem Vorabtelefonat herausgefundenen Schlagworte zur geforderten Qualifikation. Der Lebenslauf unterstützt dadurch wirkungsvoll die Angaben im Anschreiben. Auch bei den vorhergehenden beruflichen Positionen als »Entwicklungsingenieur« und als »Technischer Kundenberater« gibt der Bewerber seine ausgeübten Tätigkeiten in einer sinnvollen Auswahl an. Auf diese Weise macht er sein individuelles Profil deutlich und liefert seinem Leser Einstellungsargumente. Die berufliche Entwicklung erscheint folgerichtig, und die Übernahme einer Tätigkeit als Projektmanager wäre eine konsequente Fortsetzung seines eingeschlagenen Weges.

Überzeugend

Zusatzqualifikationen

Herr Vandenhoek greift abermals eine Anforderung aus dem Telefonat auf. Mit der Angabe »3D-CAD-Programme« geht er auf den Wunsch des Unternehmens ein und spezifiziert sogar noch näher, indem er die Namen der eingesetzten Programme aufführt. Zusätzlich bewertet er seine EDV- und Sprachkenntnisse. Das Profil von Herrn Vandenhoek wird damit sinnvoll abgerundet.
Die Leistungsbilanz nutzt Herr Vandenhoek, um ausgewählte Projekte, die von ihm geleitet wurden, vorzustellen. Davor wiederholt er unter der Überschrift Arbeitsschwerpunkte sein Kernprofil. Noch einmal zeigt er damit auf, dass er als Projektmanager im Wunschunternehmen bestehen kann.

Überzeugend

Kandidat denkt mit

Nicht nur die gewünschte Gehaltsauskunft wird gegeben, auch die verhandlungssicheren Englischkenntnisse, die für eine Arbeit in internationalen Planungsteams notwendig sind, werden aufgeführt, ohne dass dies in der Stellenanzeige explizit gefordert worden wäre. Gleiches gilt für den sicheren Umgang mit gängiger Software.

Leistungsbilanz

Überzeugend

Kernprofil

Die Leistungsbilanz nutzt Herr Vandenhoek, um ausgewählte Projekte, die von ihm geleitet wurden, vorzustellen. Davor wiederholt er unter der Überschrift »Arbeitsschwerpunkte« sein Kernprofil. Noch einmal zeigt er damit auf, dass er als Projektmanager im Wunschunternehmen bestehen kann.

Überzeugend

Erfolgsorientiert

»Ausgewählte Projekte« machen das Engagement und die Erfolgsorientierung des Bewerbers deutlich. Es ist zu erkennen, dass er sich in wechselnde Aufgabenstellungen einarbeiten kann. Herr Vandenhoek empfiehlt sich ein weiteres Mal mit guten Argumenten für seine Wunschposition als Projektmanager.

Fazit

Die Bewerbungsunterlagen mit den drei Elementen »Anschreiben«, »Lebenslauf« und »Leistungsbilanz« wirken wie aus einem Guss. Nur wenige Initiativbewerber schaffen es, ihre Passgenauigkeit so gut in der Bewerbung herauszuarbeiten. Dieser Bewerber bekommt selbstverständlich seine Chance zu einem Vorstellungsgespräch.

Petra Schmeh, Parkallee 12, 10123 Neubrandenburg
Mobil: 0321 122112, p.schmeh@t-online.de

Zack GMBH
Recruiting: Herr Möller
Postfach 6140
12345 Berlin

Neubrandenburg, 19.10.2011

Bewerbung als Area Managerin
www.kimeta.de vom 17.10.2011 und unser Telefonat ← *netter Kontakt*

Sehr geehrter Herr Möller,

vielen Dank für das freundliche Gespräch. Wie ich Ihnen am Telefon bereits mitteilte, habe ich in der Textilbranche Berufserfahrung sowohl im Außendienst als auch als Verkäuferin gesammelt.

Momentan arbeite ich als Fachberaterin eines Bekleidungsherstellers im Außendienst. Ich betreue Fachmärkte, organisiere Sonderverkaufsaktionen und stelle Promotionteams zusammen. Für die Akquisition von neuen Vertriebspartnern im Fachhandel führe ich Modenschauen durch. Den guten Draht zum Fachhandel habe ich in meiner jetzigen Firma langfristig aufgebaut und erziele sehr gute Verkaufserfolge. ✓

Mich reizt die Betreuung von Saisonkollektionen, da die konsequente Ausrichtung auf die Bedürfnisse des Endkunden meinem Verständnis von Kundenorientierung entspricht.

Meine bisherigen Verkaufserfolge möchte ich mit Ihrer Marke noch weiter ausbauen. ✓

Für ein vertiefendes Gespräch stehe ich Ihnen gerne zur Verfügung.

Mit freundlichen Grüßen *vertriebsstark* ✓

Petra Schmeh

Petra Schmeh, Parkallee 12, 10 123 Neubrandenburg
Mobil: 0321 122112, p.schmeh@t-online.de

Lebenslauf

Persönliche Daten

geb. am 05.05.1969 in Neubrandenburg
geschieden, zwei Kinder (16 Jahre und 11 Jahre)

Berufstätigkeit

10/2003 – heute	MIPRA GmbH, <u>Fachberaterin im Außendienst</u>: Organisation von Verkaufsmessen und Modenschauen, Fachmarktbetreuung, Durchführung von Sonderverkaufsaktionen ✓
05/1999 – 10/2003	Modemarkt Berlin GmbH, Niederlassung Neubrandenburg, <u>Verkäuferin</u>: Warenpräsentation, Dekoration, Kundenberatung ✓
12/1995 – 04/1999	Hausfrau und Mutter, Erziehung der beiden Kinder ← *Auszeit*
08/1992 – 12/1995	Agrargenossenschaft Neubrandenburg, beratende Agraringenieurin ← *Wechsel*
08/1991 – 07/1992	Assistentin am Lehrstuhl Agrarwissenschaften der Humboldt Universität Berlin

Studium

02.07.1991	Agraringenieurin
08/1987 – 07/1991	Humboldt Universität Berlin, Agrarwissenschaften

Schule

30.06.1987	Abitur am Polytechnischen Gymnasium Neubrandenburg

Weiterbildung

10/1998 – 04/1999	Arbeitsamt Neubrandenburg, Wege in den Beruf

Powerfrau !

Zusatzqualifikationen

Sprachen	Russisch (gut)
PC-Kenntnisse	Textverarbeitung MS-Word (gut) ✓ → *Bitte einladen !*
	MS-Explorer und Outlook-Express (ständig in Anwendung) ✓

Neubrandenburg, 19.10.2011

Petra Schmeh

Kommentar
Überzeugende Bewerbungsunterlagen Area Managerin

Anschreiben

Überzeugend

Kommunikationsstärke

Frau Schmeh richtet ihr Anschreiben direkt an das suchende Unternehmen und nicht an eine dazwischengeschaltete Personalberatung. Interessanterweise wird die Personalabteilung der Zack GmbH als »Recruiting« bezeichnet. Diese Vorgabe hat Frau Kuhl im Anschreiben aufgegriffen, und auch der Name des Ansprechpartners ist richtig geschrieben. Frau Schmeh hat Herrn Möllender vor dem Versand der Unterlagen angerufen und damit einen ersten Beleg für die in Sales- und Vertriebsarbeitsfeldern unverzichtbare Kommunikationsstärke geliefert.

Überzeugend

Projekte und Sonderaufgaben

Aktuell arbeitet Frau Schmeh nicht in einer Führungsposition, sondern als »Fachberaterin im Außendienst«. Sie ist sich jedoch darüber im Klaren, dass sie dennoch mit ihren Bewerbungsunterlagen erste Belege für die von der Firma gewünschte Führungs- und Leitungserfahrung liefern muss. Für Führungseinsteiger ist es an dieser Stelle immer gut, auf Projekte und Sonderaufgaben zu verweisen. Auch Frau Schmeh betont geschickt schon im Anschreiben, dass sie »Sonderverkaufsaktionen organisiert« und »Promotionteams« zusammenstellt.

Überzeugend

Anforderungen erkannt

Abschließend betont Frau Schmeh, dass sie weiß, dass es in der ausgeschriebenen Stelle nicht bloß um Führungsaufgaben, sondern ebenso um handfeste Verkaufserfolge geht.

Lebenslauf

Überzeugend

Persönlicher Auftritt

Mit Ihrem überzeugenden Foto liefert die Bewerberin einen erstklassigen persönlichen Auftritt. Als künftige Area Managerin im Bereich Vertrieb kommt es sehr stark darauf an, von Anfang an zu betonen, dass die Kunden im neuen Arbeitsfeld professionell angesprochen und betreut werden. Frau Schmeh präsentiert sich im Business-Outfit und schaut den Betrachter selbstbewusst mit offenem Blick an. Dieses gute Foto unterstreicht wirkungsvoll die im Anschreiben und im Lebenslauf gelieferten Angaben zur beruflichen Qualifikation für die ausgeschriebene Stelle.

Überzeugend

Flexibilität

Weiter wird die berufliche Neuorientierung der Bewerberin nachgezeichnet. Das Studium der Agrarwissenschaften wurde von Frau Schmeh beendet, sie hat auch einige Jahre als Agraringenieurin gearbeitet, sich dann aber nach der Kinderziehungszeit ganz neu aufgestellt. Eine flexible Bewerberin.

Fazit

Etwas ausführlicher hätte Frau Schmeh die momentane und die davorliegende Position im Lebenslauf noch ausschmücken können. Aber sie gehört wohl zu den Bewerbern, die eher knapp überzeugen wollen. Werden dabei die richtigen Argumente genannt, kann diese Strategie durchaus verfangen. Im Vorstellungsgespräch müsste Frau Schmeht dann jedoch noch weitere konkrete Beispiele für erfolgreiches Arbeiten im Salesbereich liefern, um einen Arbeitsvertrag angeboten zu bekommen.

Rainer Blohm, Am Wasserturm 4, 30303 Kassel
Tel./Fax: 0543 998899, E-Mail: rainer.blohm@web.net

Die Personalberater GmbH
Herr Dietmar Geertzen
Beckerkamp 17
40444 Düsseldorf

Kassel, 12.10.2011

Bewerbung als Diplom-Wirtschaftsingenieur (FH) für die Position Leiter Qualitätssicherung, ✓
Kennziffer 15/AX/2011
VDI-Nachrichten vom 06.10.2011 und unser Telefongespräch vom 07.10.2011

Sehr geehrter Herr Geertzen,

vielen Dank für die telefonisch gegebenen Informationen. Hier mein umfassendes Profil in Stichworten:

- Seit fünf Jahren leitend im Qualitätsmanagement der Kunststoff AG, Kassel
- Verantwortung für Qualitätswesen und Prozessoptimierung
- Begleitung der ISO-Zertifizierung im Bereich Fertigung
- vorher dort: Prozessingenieur im Qualitäts- und Kostenmanagement
- davor: Kunststoffwerke Essen als Projekt-, Test- und Produktions-Ingenieur
- Aufbaustudium Wirtschaftsingenieurwesen mit dem Schwerpunkt Qualitätswesen ✓

kommt auf den Punkt ←

Meine Aufgaben beinhalten europaweit durchgeführte Kooperationen und Abstimmungen mit Zulieferern, meine Englischkenntnisse sind daher verhandlungssicher. Aufgrund meiner fundierten Berufserfahrung strebe ich ein Jahresgehalt von (89.000,- Euro) an. ✓

Gerne würde ich Sie in einem persönlichen Gespräch davon überzeugen, was ich im Bereich Qualitätssteuerung und -kontrolle alles für Ihren Auftraggeber leisten könnte.

Mit freundlichen Grüßen

Rainer Blohm

Rainer Blohm, Am Wasserturm 4, 30303 Kassel
Tel./Fax: 0543 998899, E-Mail: rainer.blohm@web.net

Lebenslauf

Persönliche Daten
geb. am 05.04.1971 in Frankfurt/Main
VDI-Mitglied seit 1995

Berufstätigkeit

11/2006 – heute	Kunststoff AG, Kassel
01/2009 – heute	Beauftragter für Prozessoptimierungen und Qualitätsmanagement, Planung, Koordination und Kontrolle aller Aktivitäten zur Qualitätssicherung
06/2008 – 11/2009	Projektgruppe Kundenbefragungen und Qualität *← wichtig !*
01/2008 – 01/2009	Vorbereitung der Zertifizierung nach DIN EN ISO 9 000 ff. im Fertigungsbereich
05/2007 – heute	Konzeption und Leitung von Seminaren in den Bereichen Qualitätsmanagement und Make-or-buy-Entscheidungen
11/2006 – 01/2009	Prozessingenieur, Qualitäts- und Kostenmanagement in der Produktion, Ausbau der Just-in-Time-Abläufe, Einbindung der Zulieferer in die Qualitätsstandards des Unternehmens
09/1996 – 04/2004	Kunststoffwerke Essen GmbH
04/2004	Beendigung des Arbeitsverhältnisses wegen Fortbildung zum Wirtschaftsingenieur
03/2002 – 04/2004	Projektingenieur Einkauf und Produktion: Ablaufoptimierung zwischen Werksleitung, technischer Projektleitung und Zulieferern
04/1999 – 03/2002	Testingenieur, Prüfung von Vorserienmodellen und Erstellung der Testberichte
09/1996 – 03/1999	Produktionsingenieur, Betreuung der Produktionssysteme

Ausbildung und Studium

20.09.2006	Diplom-Wirtschaftsingenieur (FH), Fachhochschule Gießen, ✓ Note: sehr gut *leistungsorientiert*
05/2004 – 09/2006	Aufbaustudiengang Wirtschaftsingenieur, Schwerpunkt Qualitätswesen, Fachhochschule Gießen
	Diplomarbeit in Zusammenarbeit mit der Produktions GmbH, Kassel »Qualitätssicherung in mittelständischen Unternehmen«
12.07.1996	Diplom-Ingenieur (FH), Fachhochschule Darmstadt, Fachbereich Technik, ✓ Note: gut
09/1992 – 07/1996	Maschinenbaustudium, Schwerpunkt Produktionstechnik (Konstruktion), Fachhochschule Darmstadt, Fachbereich Technik
10/1991 – 07/1992	Fachoberschule für Technik, Berufliche Schulen in Frankfurt/Main, Abschluss Fachhochschulreife
08/1990 – 07/1991	Wehrdienst, Instandsetzung Lüneburg
26.07.1990	Kraftfahrzeugmechaniker
09/1987 – 07/1990	Rapid GmbH, Frankfurt/Main, Ausbildung zum Kraftfahrzeugmechaniker

Weiterbildung

08/2009	Karriereakademie: kritische Mitarbeitergespräche führen
02/2008	Qualitätsakademie: Zulieferer-Audits
12/2006	VDI-Akademie, Qualitätsmanagement, DGQ-Schein I und II

} lernbereit ✓

Sprachkenntnisse

Englisch	verhandlungssicher

EDV-Kenntnisse

Anwendungssoftware	Microsoft-Office (ständig in Anwendung)
Dokumentation	Doku-Maker (gute Kenntnisse)
SAP R/3	(ständig in Anwendung) ← *wichtig für uns ✓*

Kassel, 12.10.2011

Einladung schicken !

Kommentar
Überzeugende Bewerbungsunterlagen Leiter Qualitätssicherung

Anschreiben

Überzeugend

Gute Vorarbeit

Rainer Blohm möchte den Karrieresprung zum Leiter Qualitätssicherung vollziehen. Er richtet seine Bewerbungsunterlagen an »Herrn Dietmar Geertzen« von der »Personalberater GmbH«. Im Vorfeld hat Herr Blohm mit dem Personalberater telefoniert und so wichtige Zusatzinformationen zur ausgeschriebenen Stelle bekommen, die er ins Anschreiben einfließen lässt. Der Personalberater hatte unter anderem darauf hingewiesen, dass von den Kandidaten erwartet wird, dass sie bereits erste Erfahrungen in der »ISO-Zertifizierung« haben sollten, da eine derartige Zertifizierung beim suchenden Unternehmen in nächster Zeit ansteht. Herr Blohm hat sich daher dafür entschieden, im Zentrum des Anschreibens fünf Haupteinstellungsargumente mit Spiegelstrichen aufzuführen, und an dritter Stelle wird die gewünschte Erfahrung in der »ISO-Zertifizierung« wirksam aufgeführt.

Überzeugend

Vorteil herausgearbeitet

Interessant ist weiter das »Aufbaustudium Wirtschaftsingenieurwesen mit dem Schwerpunkt Qualitätswesen«. Damit liefert Herr Blohm einen wichtigen Pluspunkt gegenüber Bewerbern, die ausschließlich einen produktionstechnischen Hintergrund haben. Er kann Abläufe nicht nur technisch, sondern auch unter Kostengesichtspunkten analysieren und optimieren. Eine wichtige Doppelfunktion, die schon im Anschreiben herausgestellt wird.

Lebenslauf

Überzeugend

Berufliche Entwicklung dargestellt

Eigentlich hat Herr Blohm bisher »nur« in zwei Unternehmen gearbeitet, nämlich in der Kunststoff AG und in den Kunststoffwerken Essen. Taktischerweise gibt er jedoch für beide berufliche Stationen zahlreiche Unterpunkte an. So wird deutlich, dass die berufliche Entwicklung von Herrn Blohm permanent weitergegangen ist. Er führt Sonderaufgaben, Projektarbeit, die wichtige ISO-Zertifizierung, von ihm geleitete Seminare und Ablaufoptimierungen auf. Diese vielfältigen Angaben sind auf die aktuelle Stellenausschreibung abgestimmt. Herr Blohm hätte noch mehr Sonderaufgaben nennen können, beschränkt sich aber sinnvollerweise auf die, die einen direkten Bezug zu dem neuen Aufgabenfeld haben.

Überzeugend

Theorie und Praxis

Im Block »Ausbildung und Studium« sind immerhin zwei Studiengänge, die Fachoberschule, der Wehrdienst und eine Berufsausbildung zusammengefasst. Dieser Ingenieur ist ein Mann der Praxis und der Theorie und damit sehr gefragt auf dem Arbeitsmarkt. Selbstverständlich hätte Herr Blohm die Weiterbildung zum Wirtschaftsingenieur auch zwischen den beiden beruflichen Stationen auflisten können. Dann hätte der Block »Berufstätigkeit« in die Teile »Berufstätigkeit 1« und »Berufstätigkeit 2« unterteilt werden müssen. Diese Trennung wollte Herr Blohm aber nicht. Zwischen 05/2004 und 10/2006 hat der Block »Berufstätigkeit« zunächst eine Lücke. Damit hier gar nicht erst Missverständnisse aufkommen, hat Herr Blohm im Lebenslauf darauf hingewiesen, dass er das Arbeitsverhältnis bei den »Kunststoffwerken Essen« von sich aus beendet hat, um sich weiter zu qualifizieren.

Fazit

Glückwunsch: Die Unterlagen verdeutlichen, dass von diesem Kandidaten noch viel zu erwarten ist. Herr Blohm wird mit Sicherheit seine Chance bekommen, um seine Stärken, Erfahrungen und Kenntnisse im Gespräch mit dem angeschriebenen Personalberater zu verdeutlichen.

Dagmar Kuhlert, Dorotheenstraße 52, 80008 München
Tel.: 089 434365, E-Mail: D.Kuhlert@online.de

Müller & Partner Personalberater GmbH
Herr Peter Weinmann   ✓
Kreuzstrasse 7
80538 München

München, 11.02.2012

Bewerbung als Vertriebsleiterin   *ich erinnere mich an ein*
www.fazjob.net und unser Telefonat am 09.02.2012   *informatives Telefonat*

Sehr geehrter Herr Weinmann,   ✓

seit vier Jahren leite ich die Handelsvertretung Deutschland für die Tiger Sportartikel GmbH, München. Als Verantwortliche für den gesamten Vertrieb in Deutschland bin ich bei den Produktlinien für die Abstimmung von funktionsorientiertem Design, Produktion und Vertrieb zuständig.

Die strategische Konzeption von Marketingaktivitäten gehört ebenfalls zu meinem Aufgabenbereich. In Zusammenarbeit mit dem Handel habe ich Point-of-Sale-Systeme erstellen lassen, die nachweisbare Absatzsteigerungen zur Folge hatten. Weiter gehört die Steuerung des Sponsoring-Budgets zu meinen Aufgaben. Ich habe Event-Marketing-Aktivitäten in den Fun-Sportarten Wave-Boarding und Beach-Volleyball konzipiert und umgesetzt.   ✓ ⟶ *Trend!*

Vor meiner jetzigen Tätigkeit habe ich als Produktmanagerin für den Hersteller von Outdoor-Bekleidung, die Monsun GmbH in Köln, gearbeitet. Die Koordination zwischen der Produktion in Portugal und der Designabteilung in Schweden war dort mein Arbeitsschwerpunkt. Sowohl bei der Tiger Sportartikel GmbH als auch bei der Monsun GmbH ist (war) eine Reisetätigkeit von etwa einem Drittel meiner Arbeitszeit zur Aufgabenerfüllung üblich.   ✓

Die von Ihnen ausgeschriebene Position Leiterin Produktmanagement ist für mich sehr interessant, da sie mir ✓ die Integration meiner bisherigen Tätigkeiten an der Schnittstelle von Produktion, Vertrieb und Marketing ermöglicht, die ich für den Erfolg am Markt für wesentlich halte. Über die Einladung zu einem weiterführenden Gespräch würde ich mich daher freuen.

Mit freundlichen Grüßen   *toller Auftritt,*
                                        schon im Anschreiben !!

Dagmar Kuhlert

Dagmar Kuhlert

Dagmar Kuhlert, Dorotheenstraße 52, 80008 München
Tel.: 089 434365, E-Mail: D.Kuhlert@online.de

Lebenslauf

Persönliche Daten
geb. am 07.11.1978 in Stuttgart
ledig

Berufstätigkeit

08/2007 – heute   Leiterin der Handelsvertretung Deutschland: Tiger Sportartikel GmbH, München,
Aufgaben:
- Auf- uns Ausbau des Vertriebsnetzes
- Neudefinition des Vertriebsnetzes (Nordwest-/Süddeutschland)
- Konzeption von Event-Marketing-Aktivitäten
- Steuerung des Sponsoring-Budgets
- Mitarbeit bei Produktentwicklung, Produkttests
- Abstimmung von Einkauf, Design und Vertrieb für zielgruppenspezifische Kollektionen
- Erarbeitung von Point-of-Sale-Systemen in Zusammenarbeit mit dem Handel (Erfolg: deutliche Absatzsteigerungen)

top !

01/2004 – 05/2007   Produktmanagerin: Monsun GmbH, Köln, Aufgaben:
- Koordinierung der Produktion in Portugal und der Designabteilung in Schweden
- Markt- und Wettbewerberanalysen, Zielgruppendefinition
- saisonale Katalogerstellung

04/2002 – 12/2003   Angestellte Outdoor-Fachhandelsgeschäft Reiseland, Kassel, Aufgaben:
- Einkauf, Import- und Zollabwicklung
- Anzeigenschaltung

Studium und Schule

04.06.2002   1. Staatsexamen für Lehramt an Grund- und Hauptschulen
10/1998 – 06/2002   Pädagogische Hochschule Göttingen, Lehramtsstudium für Grund- und Hauptschulen, Fächer: Sport, Englisch, Chemie
10/1997 – 09/1998   Germanistikstudium, Universität Stuttgart
20.06.1997   Allgemeine Hochschulreife, Heinrich-Heine-Gymnasium, Stuttgart

Zusatzqualifikationen

Sprachkenntnisse: Englisch (sehr gut), Portugiesisch (gut), Schwedisch (gut)
EDV-Kenntnisse: MS Office (sehr gut)

möchte ich gerne kennenlernen !
umfangreiche Branchenkenntnisse

München, 11.02.2012

Dagmar Kuhlert

Kommentar
Überzeugende Bewerbungsunterlagen Vertriebsleiterin

Anschreiben

Überzeugend

Kundenorientiert und kommunikationsstark

Frau Kuhlert bewirbt sich um die Position »Vertriebsleiterin«, dabei adressiert sie ihre Unterlagen an die beauftragte Personalberatung »Müller & Partner Personalberater GmbH«. Bereits mit der Betreffzeile im Anschreiben macht sie klar, dass sie über Kundenorientierung und Kommunikationsstärke verfügt, da sie ihre Bewerbung durch einen Anruf bei dem Personalberater »Herrn Peter Weinmann« vorbereitet hat. Die Interessentin hat ihr Kurzprofil bereits telefonisch vorab präsentiert. Die aktive Ansprache des Personalberaters hat sich gelohnt, denn Herr Weinmann hat Frau Kuhlert ausdrücklich ermuntert, ihre Bewerbung einzureichen.

Überzeugend

Anforderungen erkannt

Schon im ersten Absatz des Anschreibens betont die Bewerberin, dass Ihr aktuelles Aufgabenspektrum aus der Leitung und Abstimmung von Design, Produktion und Vertrieb besteht. Diese strategische Weichenstellung hat ihren Grund. So zeigt Frau Kuhlert klar auf, dass sie weiß, was in der neuen Position auf sie zukommt. Im zweiten Absatz betont Frau Kuhlert strategische und operative Aspekte ihrer Tätigkeit. Denn gerade im Vertrieb sind »Hands-on«-Qualitäten immer gefragt. Die beispielhafte Auflistung von konkreten Vertriebsaktivitäten erfüllt das in der Ausschreibung geforderte Merkmal einer »pragmatischen Arbeitsweise«.

Lebenslauf

Überzeugend

Aufmachung

Der Lebenslauf fügt sich stimmig in das Design des Anschreibens. Er ist rückwärts-chronologisch gehalten, was sinnvoll ist, da für den Personalberater für eine erste Einschätzung der Bewerberin die momentane und die davorliegende berufliche Station am wichtigsten ist.

Überzeugend

Interesse wecken

Der im Lebenslauf genannte Erfolg »deutliche Absatzsteigerung« ist geschickt gewählt, da im Vorstellungsgespräch sicherlich genauer nachgefragt werden wird, in welcher Höhe die »Absatzsteigerungen« ausfielen und wie die »Point-of-Sale-Systeme« im Detail von Frau Kuhlert ausgestaltet worden sind.

Überzeugend

Berufliche Neuorientierung

Aus dem Block »Studium und Schule« ist herauszulesen, dass Frau Kuhlert ursprünglich Lehrerin werden wollte. Derartige Lebensläufe sind im Vertrieb nicht außergewöhnlich. Auch der Abbruch des Germanistikstudiums ist längst »verjährt«. Zum einen dürfen sich Studenten durchaus ausprobieren, und zum anderen hat Frau Kuhlert durch ihren Werdegang bewiesen, dass sie eine engagierte und ausdauernde Mitarbeiterin in den Bereichen Vertrieb, Produktmanagement und Verkauf war und ist.

Fazit

Eine Bewerberin, die gezeigt hat, dass sie sich »durchbeißen« kann. Da derart engagierte und durchsetzungsfähige Kandidaten im Vertrieb gesucht werden, wird Frau Kuhlert die Einladung zum Vorstellungsgespräch sehr bald zugehen.

Bernd Rips

Littenstraße 28

10779 Berlin

Telefon 030 6067545, Mobil 0172 1234567

E-Mail: b.rips@t-online.de

Atlantis Promotion GmbH

Geschäftsleitung

Herr Wischmann

Am Wannsee 55

14109 Berlin

Berlin, 10.10.2011

Initiativbewerbung als Senior-Produktmanager

Unser Kontakt im Seminar »Cost-Cutting« letzte Woche   *ja* ✓

Sehr geehrter Herr Wischmann,

vielen Dank für die Informationen, die Sie mir über Ihr Unternehmen am zweiten Seminarabend gegeben haben. Wie bereits kurz skizziert, möchte ich mich mittelfristig vom Angestellten im Produktmanagement zum Senior-Produktmanager weiterentwickeln. Auch in meinen bisherigen Aufgaben im Produktmanagement habe ich bereits Leitungsfunktionen wahrgenommen. So habe ich in einem Projekt zur Neuordnung des Produktportfolios eine bessere Synergie zwischen Einkauf, Marketing und Vertrieb hergestellt. Bei der Lieferantenauswahl habe ich selbstständig Preisverhandlungen durchgeführt und auch international neue Zulieferer engagiert.

Momentan betreue ich die Neuausrichtung der Get It GmbH & Co. KG. Es galt, das Sortiment in Richtung auf höherwertige Artikel umzustrukturieren. Diese Aufgabe ist nicht zuletzt auch wegen der besonderen Anstrengungen im Produktmanagement bewältigt worden. In den letzten beiden Jahren konnte jeweils ein zweistelliger Umsatzzuwachs bei gleichzeitiger Erhöhung der Gewinnspanne realisiert werden.

!!

Neben der Erfahrung im Produktmanagement bringe ich auch Berufserfahrung im Einkauf und Agenturerfahrung mit. Eingestiegen in meine berufliche Entwicklung bin ich mit einer erfolgreich abgeschlossenen Ausbildung zum Werbekaufmann. ✓

Wichtige, von mir betreute berufliche Projekte habe ich auf einer Extraseite für Sie zusammengestellt. Über die Einladung zu einem Vorstellungsgespräch würde ich mich sehr freuen.

Mit freundlichen Grüßen   *Spannnendes Profil !*

[Unterschrift: Bernd Rips]

Anlagen

Bernd Rips
Littenstraße 28
10779 Berlin

Telefon 030 6067545, Mobil 0172 1234567
E-Mail: b.rips@t-online.de

Persönliches
geb. am 09.07.1981
Geburtsort: Berlin

LEBENSLAUF

Berufliche Stationen

09/2006 – heute	Get It GmbH & Co. KG, Potsdam, <u>Kaufmännischer Angestellter</u> im Produktmanagement Sortimentspflege, Lieferantenrecherche, Marktbeobachtung, Marktanalysen, Sondie- rung von Kundenwünschen, Absatzkontrolle ✓
07/2003 – 08/2006	Großhandel und Versand GmbH, Berlin, <u>Einkäufer</u> Aufbau von Lieferantenbeziehungen, Qualitätskontrolle, Durchführung von Kosten- senkungsprogrammen, Neuordnung des Produktportfolios
04/2003 – 06/2003	B2B GmbH, Berlin, <u>Internetvertrieb</u> von Werbemitteln, Start-up-Consultant
10/2000 – 03/2003	Die WerbeProfis, Berlin, <u>Werbemanager</u> ✓ Erarbeitung von Werbekonzepten, Gestaltung von Kundenbeziehungen, Kampagnen- präsentation
07/2000 – 09/2000	Agentur X-Treme, Berlin, <u>Werbekaufmann</u> ✓ Terminplanung, Akquisition

Ausbildung und Schule

09/1997 – 07/2000	Agentur X-Treme, Berlin, <u>Ausbildung zum Werbekaufmann</u>
17.07.2000	Werbekaufmann
02.07.1997	Mittlere Reife an der Friedrich-Junge-Realschule

Bewerber mit Macherqualität, sehr gut ✓

PC-Kenntnisse

MS-Office (Word, Excel, PowerPoint und Outlook: alle ständig in Anwendung)

Berlin, 10.10.2011

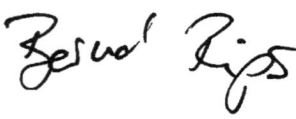

Bernd Rips   Telefon 030 6067545, Mobil 0172 1234567
Littenstraße 28   E-Mail: b.rips@t-online.de
10779 Berlin

BERUFLICHE ERFOLGE

Neudefinition der Zielgruppen bei der Get It GmbH & Co. KG

Im Rahmen der Sortimentspflege habe ich eine Neuausrichtung von Get It durchgeführt. Der Fokus lag auf der Eroberung anspruchsvoller Zielgruppen. Ich habe intensive Marktforschung betrieben, um die Neuausrichtung auf eine tragfähige Basis zu stellen. Die qualitativ hochwertigeren Werbeartikel machten natürlich auch eine Neuauswahl der Lieferanten notwendig. Der gestiegene Qualitätsanspruch der Werbeartikel verschaffte meinem Arbeitgeber eine starke Stellung im Markt. Trotz einer geringeren Artikelanzahl stieg der Umsatz in den Jahren 2009 und 2010 jeweils zweistellig. Auch die Gewinnspanne konnte entscheidend vergrößert werden.

Neuordnung Produktportfolio bei der Großhandel und Versand GmbH

Durch die Neuordnung des Produktportfolios konnte ich die Aktivitäten im Unternehmen bündeln. Aus dem bisher unstrukturierten Angebot an Lifestyle-Produkten aus dem asiatischen Raum habe ich die Produktkategorien Küche, Wellness und Geschenke herausgearbeitet. Jeder Bereich bekam seinen eigenen Katalog. Die Kundenresonanz zeigte, dass wir mit der Neustrukturierung unserer Angebote einen Trend getroffen hatten.

Kostensenkungsprogramm bei der Großhandel und Versand GmbH

Obwohl die Großhandel und Versand GmbH in der Firmenbezeichnung das Wort Großhandel führte, bezog sie ihre Waren überwiegend selbst über Zwischenverkäufer. Ich habe in drei mehrwöchigen Asienaufenthalten Direktlieferanten für das Unternehmen recherchiert. Die erzielten Preisvorteile verschafften uns eine starke Marktstellung.

interessante Projektauswahl

stimmiger Auftritt → Termin für Gespräch vereinbaren

Kommentar
Überzeugende Bewerbungsunterlagen Produktmanager

Anschreiben

Überzeugend

Fakten, Fakten, Fakten

Im Initiativanschreiben gibt Herr Rips konkrete Informationen über seinen beruflichen Hintergrund. Er erläutert bisherige Aufgaben, weist auf spezielle Projekte hin, in denen er Verantwortung übernommen hat. Wichtige Schlagworte wie »Projekt zur Neuordnung des Produktportfolios«, »Neuausrichtung«, »Lieferantenauswahl« und »Preisverhandlungen« werden genannt und machen die konkreten beruflichen Erfahrungen von Herrn Rips im Produktmanagement sichtbar.

Überzeugend

Plausibler Wechselgrund

Herr Rips verheimlicht nicht, warum er wechseln möchte: Er möchte aufsteigen. Vom »Angestellten im Produktmanagement« will er sich zum »Senior-Produktmanager« weiterentwickeln. Dieser Wunsch bedarf natürlich einer Begründung, die Herr Rips auch liefert. Er arbeitet heraus, dass er nicht nur fachliche Aufgaben im Produktmanagement betreut hat, sondern auch »Leitungsfunktionen wahrgenommen« hat. Bisher hatten diese Führungsaufgaben jedoch nur Projektcharakter. Zukünftig möchte Herr Rips durchgehend mehr Verantwortung übernehmen. Warum dies in seiner jetzigen Firma nicht möglich ist, muss er an dieser Stelle nicht erläutern. Arbeitgeberschelte hat Herr Rips nicht nötig.

Überzeugend

Kontaktstärke

Dass die gefragte Kontaktstärke, die ein Produktmanager mitbringen muss, bei Herrn Rips nicht nur in den Unterlagen steht, macht schon die Einleitung des Anschreibens deutlich. Herr Rips hat es im Rahmen eines Fortbildungsseminars geschafft, mit dem Geschäftsführer Herrn Wischmann ins Gespräch zu kommen und sein berufliches Profil in groben Zügen bekannt zu machen. Mit dem Bezug auf den Erstkontakt macht Herr Rips deutlich, dass neben der Kontaktstärke wohl auch Engagement, Beharrlichkeit und kommunikatives Geschick zu seinem Soft-Skill-Potenzial gehören. Und gerade diese Eigenschaften sind für sein angestrebtes Aufgabenfeld unverzichtbar.

Überzeugend

Unternehmerisches Denken

Im harten Wettbewerb werden alle Geschäftsführer durch Schlagworte wie »Umsatzzuwachs« und »Erhöhung der Gewinnspanne« hellhörig. Herr Rips stellt ganz auf den Nutzen ab, den seine Qualifikationen dem Unternehmen bringen können. Die Schlüsselqualifikation des unternehmerischen Denkens wird zwischen den Zeilen deutlich erkennbar.

Lebenslauf

Überzeugend

Informationen verdichtet

Knapp, aber aussagekräftig beschreibt Herr Rips seine bisherigen beruflichen Aufgaben. Insbesondere seine Tätigkeitsangaben fehlen nicht. Mit einer gut ausgewählten Darstellung der einzelnen beruflichen Stationen schafft es der Bewerber auch, seine Entwicklung zu immer anspruchsvolleren Aufgaben nachzuzeichnen. Schon hier sind seine Bereitschaft und sein Wille zum Aufstieg zu erkennen. Für Personalverantwortliche wird die Motivation, mehr als der Durchschnitt leisten zu wollen, bereits im Lebenslauf des Bewerbers ersichtlich.

Überzeugend

Form follows function

Herr Rips möchte zwar nicht als kreativer Werber, sondern als Senior-Produktmanager bei der Atlantis Promotion GmbH einsteigen, aber er zeigt, dass er weiß, wie Werbung in eigener Sache formvollendet betrieben wird. Sein Lebenslauf kommt auf den Punkt. Weitere Erläuterungen liefert er in der Leistungsbilanz, auf die er schon im Anschreiben hingewiesen hat.

Leistungsbilanz

Überzeugend

Praxisbeispiele

Herr Rips zeichnet in seiner Leistungsbilanz, die er Berufliche Erfolge nennt, für den neuen Arbeitgeber besonders interessante Projekte nach. Mit seinen Praxisbeispielen zeigt er, dass er erfolgreich arbeiten kann. Er ist ergebnisorientiert und hat sich auch in der Vergangenheit schon tatkräftig für das Unternehmenswohl eingesetzt.

Fazit

Mit einem Anschreiben, das den Bewerbungsgrund plausibel macht, einem knappen, aber informativen Lebenslauf und einer gut ausgearbeiteten Leistungsbilanz startet Herr Rips durch. Eine Einladung zum Vorstellungsgespräch hat er sich mit dieser Initiativbewerbung erarbeitet.

Georg Zogalla
Westenbergstraße 45
90482 Nürnberg
Tel. 0911 3422233
E-Mail: georg.zogalla@freenet.de

Initiativbewerbung Logistikplaner

bei der Auto AG
Motorenwerk VII

passgenaues Deckblatt, gut !

Georg Zogalla
Westenbergstraße 45
90482 Nürnberg
Tel. 0911 3422233
E-Mail: georg.zogalla@freenet.de

Auto AG
Motorenwerk VII
Personalabteilung
Frau Erika Seyboldt
70501 Stuttgart

Nürnberg, 29.09.2011

Initiativbewerbung als Logistikplaner
Unser Gespräch auf der IAA Frankfurt und unser Telefonat von gestern
✓   ✓

Sehr geehrte Frau Seyboldt,

vielen Dank für die informativen Gespräche. Meine Erfahrungen im Logistikbereich würde ich gerne nutzen, um im Motorenwerk VII die reibungslose Produktion sicherzustellen.
✓

Momentan bin ich bei der CNX AG als Projektplaner tätig. In den vergangenen Jahren war ich für die Beschaffungslogistik und die Distributionslogistik verantwortlich. Aktuell bin ich mit der Programmplanung und Disposition betraut. Ein durchgängiges Merkmal meiner bisherigen beruflichen Tätigkeit ist die Realisierung bestandsminimierter Teileversorgung. In umfangreichen Projekten habe ich ausländische Produktionsstandorte in die Logistikkette eingebunden, Zulieferer integriert und produktionssynchrone Versorgungsnetze eingerichtet.
✓   ✓

sehr gut !!

Nach einem Studienabschluss als Diplom-Ingenieur (TU) bin ich direkt ins Automotive eingestiegen. Für die Ingolstadt AG habe ich in der Motorkonstruktion an der Optimierung der Abstimmung aller beteiligten Bereiche mitgearbeitet und anschließend die Logistik in der Motorenproduktion übernommen.

SAP-Erfahrung bringe ich ebenso mit wie sehr gute Kenntnisse in der branchenüblichen Transportmanagement-Software und den logistischen Systemmodulen. Aus meiner internationalen Projektarbeit bringe ich auch sichere Englischkenntnisse in Wort und Schrift mit.
✓

Über die Einladung zu einem Vorstellungsgespräch würde ich mich freuen.   *top !*

Mit freundlichen Grüßen

[Unterschrift]

Anlagen

Georg Zogalla
Westenbergstraße 45
90482 Nürnberg
Tel. 0911 3422233
E-Mail: georg.zogalla@freenet.de

Lebenslauf

Persönliche Daten

— übersichtlich ✓
— strukturiert ✓
— stimmig ✓

Geburtsdatum/-ort	02.05.1972 in Dortmund
Familienstand	verheiratet, 3 Kinder (14, 12 und 8 Jahre alt)

Berufspraxis

01/2007 – heute	CNX AG, Niederlassung Nürnberg, Motorenleitwerk, Projektplaner Logistik ✓
06/2009 – heute	Programmplanung und Disposition
	Planung und Realisierung durchgängig beschaffungsorientierter Aufbau- und Ablauforganisationen, Wirtschaftlichkeitsrechnung
01/2008 – 05/2009	Distributionslogistik
	Implementierung einer bestandsminimierten Aggregateversorgung im weltweiten Produktionsverbund der CNX AG, Einbindung ausländischer Produktionsstandorte, Leitung der Projektgruppe »Null-Fehler«
01/2007 – 12/2007	Beschaffungslogistik
	Einrichtung produktionssynchroner Versorgungsnetze, Zulliefererintegration, Sicherung der Transportkette bis zum Einbauort
01/2004 – 12/2006	Ingolstadt AG, Ingolstadt, Bereich Logistik, Produktionsingenieur, Produktionslogistik
	Tätigkeiten: Etablierung just-in-time-orientierter Materialabrufe für die Motorenproduktion, produktionsnahe Konzentration der werksinternen Lagerorte
01/2002 – 12/2003	Ingolstadt AG, Wolfsburg, Abteilungen Motorenproduktion und Motorkonstruktion, Trainee
	Tätigkeiten: Dokumentation, Prüfstandbetreuung, Qualitätssicherung
	Mitglied im interdisziplinären Projekt »Optimierte Bereichabstimmung«
06/1997 – 09/1997	Ingolstadt AG, Bremen, Produktion, Produktionshelfer in der Motorenmontage

Lebenslauf Georg Zogalla, Seite 1

Studium und Ausbildung

10/1997 – 11/2001	Technische Universität Aachen, Maschinenbaustudium
20.11.2001	Diplom-Ingenieur (TU)
09/1993 – 06/1997	Fachhochschule Kiel, Fachbereich Technik, Studium des Maschinenbaus
05.06.1997	Diplom-Ingenieur (FH)
08/1987 – 06/1990	Zeche »Glück Auf«, Gelsenkirchen, Facharbeiterausbildung zum Schweißer
05.06.1990	Schweißer, Fachrichtung Instandsetzung

Wehrdienst und Schule

08/1992 – 09/1993	Panzergrenadierregiment Heide, Wehrdienst
08/1990 – 07/1992	Berufsaufbau- und Fachoberschule im Bildungszentrum Mönchengladbach
30.07.1992	Fachhochschulreife

Ausgewählte Weiterbildungen

01/2011	Training »Projektmanagement«
10/2010	Seminar »Organisationsentwicklung«
06/2009	Workshop »Teambuilding«
09/2007	Seminar »Qualitätsmanagement II«
03/2007	Seminar »Qualitätsmanagement I«

! gut

Fremdsprachen

Englisch sicher in Wort und Schrift

EDV-Kenntnisse

Word (ständig in Anwendung)
Excel (ständig in Anwendung)
PowerPoint (gut)
MS-Project (gut)
CAR-Mais (sehr gut)
MobiLe-Febes (sehr gut)
SAP R/3 (gut, Logistikmodule ständig in Anwendung)

brauchen wir ✓

Nürnberg, 29.09.2011

Lebenslauf Georg Zogalla, Seite 2

Georg Zogalla
Westenbergstraße 45
90482 Nürnberg
Tel. 0911 3422233
E-Mail: georg.zogalla@freenet.de

Leistungsbilanz

Tätigkeiten und Erfolge in der Logistikplanung

- **Generell** ✓

Unterstützung des Leiters Logistikplanung in der Planung und Umsetzung von Strukturierungsprojekten innerhalb der Werklogistik;
Führung von bis zu 70 Mitarbeitern.

- **Speziell** ✓

Realisierung von Just-in-time-Projekten;
Neustrukturierung externer Versorgungsnetze;
Lieferanteneinbindung im Abrufverfahren;
Umsetzung eines ganzheitlichen Beschaffungs- und Versorgungskonzeptes;
Analyse und Optimierung europaweiter Aufbau- und Ablauforganisationen;
Errichtung LEAN-gerechter unternehmensübergreifender Prozessketten vom Lieferanten bis zum Verbauort;
Zertifizierung logistischer Geschäftsbereiche gemäß DIN/ISO 9002.

- **Erfolge** ✓

Sicherstellung der Lieferketten;
Reduzierung von Logistikkosten;
Vermeidung eigener Lagerhaltung;
Standardisierung logistischer Kalkulationsverfahren;
Kostentransparenz.

→ *aussagekräftige Unterlagen*
→ *gut vorbereitet*
→ *Vorstellungsgespräch !*

Kommentar
Überzeugende Bewerbungsunterlagen Produktmanager

Deckblatt

Überzeugend

Ein souveräner Auftritt

Herr Zogalla hat sich für ein Deckblatt entschieden, ein überzeugender erster Eindruck. Auf dem Foto präsentiert sich ein souveräner Bewerber, der es nicht nötig hat, mit irgendwelchen Gags aufzufallen. Das Deckblatt ist klar in die drei Bestandteile Kontaktdaten, Foto und Wunschposition/-unternehmen gegliedert.

Überzeugend

Individueller Adressat

Das umworbene Unternehmen wird auf dem Deckblatt genannt. Hier handelt es sich also nicht um ein Bewerbungsrundschreiben. Auch über die Niederlassung, in der Herr Zogalla eingesetzt werden könnte, hat er sich vorab Klarheit verschafft. Er gibt daher nicht nur die »AUTO AG«, sondern auch das »Motorenwerk VII« an. Natürlich fehlt auch die angestrebte Wunschposition »Logistikplaner« nicht.

Anschreiben

Überzeugend

Durchgängiges Layout

Die mit einer Hintergrundschattierung unterlegten Betreff- und Bezugzeilen orientieren sich in der Gestaltung an dem Deckblatt und kehren später auch in Lebenslauf und Leistungsbilanz wieder. Indem Herr Zogalla ein durchgängiges Layout verwendet, überzeugt er die Personalreferentin davon, dass es sich um eine speziell für ihr Unternehmen angefertigte Initiativbewerbung handelt.

Überzeugend

Initiative gezeigt

Dass es Herr Zogalla mit seiner Initiativbewerbung ernst meint, zeigt sich an der Mühe, die er aufgewendet hat, um eine geeignete Ansprechpartnerin für seine Bewerbung herauszufinden. Der Besuch der IAA ist in seiner Position und bei seiner Branchenherkunft sicherlich ein Muss. Herr Zogalla nutzte diesen Messebesuch jedoch, um sein Profil bei der Auto AG ins Gespräch zu bringen. Die Kontaktperson am Messestand hat er vor seiner Bewerbung noch einmal telefonisch kontaktiert. In der Bezugzeile verweist er auf die geführten Gespräche und kann sich damit die Aufmerksamkeit der Personalreferentin sichern.

Überzeugend

Profil herausgearbeitet

Statt sich, wie im Bewerbungsalltag leider viel zu oft zu sehen, rein formal hinter seiner Berufsbezeichnung Diplom-Ingenieur zu verstecken, geht Herr Zogalla detailliert auf seine Tätigkeiten ein. Er entfaltet mit der Nennung seiner Verantwortungsbereiche ein Profil, das seine umfassenden Erfahrungen in der Logistik sichtbar macht.

Lebenslauf

Überzeugend

Bewerber mit Biss

Anhand der Blöcke »Studium und Ausbildung« und »Wehrdienst und Schule« kann der Personalprofi erkennen, dass es sich um einen Bewerber handelt, der sich beruflich »durchgebissen« hat. Herr Zogalla hat seine Qualifikationen – beginnend mit einer Berufausbildung – beständig ausgebaut und sich immer weiter qualifiziert, bis ihm der Einstieg als »Diplom-Ingenieur (TU)« gelungen ist. Bewerber, die sich solcherart »hochgearbeitet« haben, sind bei Personalverantwortlichen gern gesehen.

Überzeugend

Technik übersetzt

Ein grundsätzliches Problem von Bewerbern aus dem technischen oder naturwissenschaftlichen Bereich hat Herr Zogalla vermieden. In seiner Selbstbeschreibung wimmelt es nicht von technischen Fachtermini, die dem Laien – in diesem Fall der Personalverantwortlichen – nichts sagen. Bei den Tätigkeitsbeschreibungen hat Herr Zogalla die erzielten Ergebnisse in den Vordergrund gestellt. Dadurch zeigt er, dass er erfolgs- und zielorientiert arbeitet.

Überzeugend

Am Ball geblieben

Die Weiterbildungen, die Herr Zogalla aufführt, unterstützen die Einschätzung, dass es sich hier um einen lernwilligen und leistungsbereiten Initiativbewerber handelt. Mit Bedacht hat Herr Zogalla die Blocküberschrift »Ausgewählte Weiterbildungen« verwendet. Er nennt nur aktuelle Seminare und Trainings, die für die angestrebte Position »Logistikplaner« von Bedeutung sind.

Überzeugend

EDV im Griff

Der Logistikbereich ist stark EDV-geprägt, daher gehören die Angaben zu den EDV-Kenntnissen zwingend mit in den Lebenslauf. Diesmal stellt Herr Zogalla seine umfassenden Kenntnisse gut heraus. Sowohl gängige Standardsoftware als auch branchenspezifische Spezialsoftware werden mit einer Bewertung aufgeführt. Eine optimale Abrundung eines vielversprechenden Bewerberprofils.

Leistungsbilanz

Überzeugend

Viel Erfahrung

Bewerber mit umfassender Berufserfahrung »leiden« nicht selten darunter, dass sich ihr breiter Erfahrungsschatz in Anschreiben und Lebenslauf nicht auf den Punkt bringen lässt. Mit seiner Leistungsbilanz geht Herr Zogalla in die Offensive: Hier stellt er seine »Tätigkeiten und Erfolge in der Logistikplanung« heraus.

Überzeugend

Der richtige Mann

Die stellvertretende Leitungsfunktion und die umfassende Führungsverantwortung zeigen, dass Herr Zogalla für Managementaufgaben in der Logistikplanung ausreichend Erfahrung und den nötigen Background mitbringt.

Fazit

Hier empfiehlt sich ein Wunschkandidat mit einer perfekten Initiativbewerbung. Eine Einladung zum Vorstellungsgespräch wird erfolgen.

Suche:
Wie finden Sie Ihre Wunschfirma?

Auf der Suche nach einem neuen Arbeitgeber können Sie verschiedene Wege gehen. Sie können auf Stellenausschreibungen reagieren, sich den verdeckten Stellenmarkt erschließen oder Headhunter auf sich aufmerksam machen. Vorteile erarbeiten Sie sich im Bewerbungsverfahren immer dann, wenn Sie persönlich in Erscheinung treten. Knüpfen Sie gezielt Kontakte, auf die Sie bei Bewerbungen zurückgreifen können.

Bevor Sie sich bewerben können, müssen Sie wissen, an welche Firmen Sie Ihre Bewerbungen überhaupt richten sollen. Haben Sie vielleicht schon eine Wunschfirma ins Auge gefasst, von der Sie über Bekannte nur Gutes gehört haben? Haben Sie über private Kontakte erfahren, dass ein bestimmter Arbeitgeber in nächster Zeit neue Mitarbeiter einstellen möchte? Oder müssen Sie erst einmal gründlich recherchieren, welche Firma in Ihrer Region an Ihren Erfahrungen Bedarf haben könnte? Nutzen Sie den offenen sowie den verdeckten Stellenmarkt und überlegen Sie sich, wie Sie Headhunter auf sich aufmerksam machen könnten.

Viele Möglichkeiten: der offene Stellenmarkt

Wenn freie Stellen öffentlich ausgeschrieben werden, spricht man vom offenen Stellenmarkt. Führungskräfte können hier diese Suchwege nutzen:

→ Spezielle Jobbörsen für Führungskräfte im Internet
→ Allgemeine Jobbörsen und Jobrobots im Internet
→ Branchenspezifische Jobbörsen im Internet
→ Firmen-Homepages
→ Tageszeitungen und Fachmagazine

In den letzten Jahren sind einige Jobbörsen entstanden, die sich ausschließlich an Führungskräfte und Fachspezialisten richten. Zwei Jobbörsen ragen dabei durch ihre starke Medienpräsenz heraus, nämlich:

→ **www.experteer.de**
→ **www.placement24.de**

Das Besondere an diesen beiden Jobbörsen sind einerseits die Ausrichtung auf das Premiumsegment und andererseits der Anspruch, dass die Zielgruppe der Führungskräfte und Fachspezialisten für die angebotenen Dienste zahlen muss, zumindest dann, wenn sie die Premium-Jobbörsen in vollem Umfang nutzen möchte. Weitere Jobbörsen, die sich an Führungskräfte und Fachspezialisten richten, aber kostenlos genutzt werden können, sind:

→ **www.jobware.de** (»Stellenangebote für qualifizierte Fach- und Führungskräfte«)
→ **www.consultants.de** (»Premium-Stellenmarkt«)
→ **www.job-consult.com** (»Top-Jobs«)
→ **www.jobsprinter.com** (»Jobs für Führungs- und Fachkräfte«)
→ **www.fazjob.net** (Frankfurter Allgemeine Zeitung)
→ **www.suedeutsche.de** (Süddeutsche Zeitung)
→ **www.zeit.de** (DIE ZEIT, Akademiker aus Wissenschaft, Wirtschaft, Technik)
→ **www.ftd.de** (Financial Times Deutschland/Jobware)

Es gibt Hunderte von allgemeinen Stellenbörsen im Internet, deren Sinn und Zweck die Kontaktanbahnung zwischen Firmen und neuen Mitarbeitern ist. Auch wenn allgemeine Jobbörsen sich nicht ausschließlich an Führungskräfte richten, haben sie dennoch viele Angebote für diese Zielgruppe, und zwar üblicherweise kostenfrei. Interessant sind ebenfalls die sogenannten »Jobrobots«, hierbei handelt es sich um Suchmaschinen, die mehrere Jobbörsen, oder auch mehrere Firmen-Homepages, gleichzeitig nach Ihren Wünschen durchsuchen. Wichtige große Jobbörsen und Jobrobots, in die Sie auf jeden Fall einmal einen Blick werfen sollten, sind unter anderem die folgenden:

→ www.stepstone.de
→ www.monster.de
→ www.stellenanzeigen.de
→ www.jobscout24.de
→ www.arbeitsagentur.de
→ www.careerjet.de
→ www.jobrapido.de
→ www.kimeta.de
→ www.yovadis.de

Neben den allgemeinen Jobbörsen gibt es aber auch Börsen für bestimmte Branchen, beispielsweise:

→ www.aerztestellen.de (Medizin)
→ www.jobcenter-medizin.de (Gesundheitswesen)
→ www.klinikstellen.de (Gesundheitswesen)
→ www.medizinischer-stellenmarkt.de (Gesundheitswesen)
→ www.jobs.medica.de (Medizin und Medizintechnik)
→ www.karriere-jura.de (Recht)
→ www.hochschulstellen.de (Hochschulen und Universitäten)
→ www.greenjobs.de (Umweltfachkräfte)
→ www.joborama.de (Sport und Wellness)
→ www.welljob.de (Wellness)
→ www.horizontjobs.net (Werbung und Marketing)
→ www.werbeagentur.de (Werbung und Marketing)
→ www.karriereundjob.de (Medien)
→ www.buchmarktjobs.de (Buchhandel, Verlage)
→ www.kulturmanagement.net (Kultur)
→ www.ingenieur24.de (Ingenieure, Informatiker, Naturwissenschaftler)
→ www.ingenieurweb.de (Ingenieure, Naturwissenschaftler)

→ www.bau.net/inserate (Bauingenieure, Architekten)
→ www.biokarriere.net (Biotechnologie, Pharma)
→ www.chemiekarriere.net (Chemie)
→ www.jobvector.de (Biotechnologie)
→ www.dkm.de (Kirche, Caritas)
→ www.bankjob.de (Banken)
→ www.assekuranz-stellenmarkt.de (Versicherungen)
→ www.geojobs.de (Geologie)
→ www.automotive-job.net (Automobilindustrie)

Wenn Sie hier weitere Internetadressen nutzen möchten, sollten Sie einen Blick auf unsere Homepage www.karriere-akademie.de werfen. Dort haben wir über 100 aktuelle Jobbörsen und Jobrobots für Sie aufgeführt.

Eigentlich jede Firma hat mittlerweile eine Website. Geben Sie bei großen Firmen einfach den Firmennamen als Internetadresse ein, beispielsweise www.siemens.de oder www.puma.com. Finden Sie Firmen-Homepages nicht direkt, verwenden Sie einfach eine Suchmaschine. Nutzen Sie auch die Suchmaschinen www.jobscanner.de und www.yovadis.de, die ausschließlich Firmen-Homepages durchforsten.

Auch wenn das Internet mit seinen Jobbörsen und Firmen-Homepages bei der Stellensuche heutzutage einen sehr hohen Stellenwert einnimmt, sind die Angebote der Tageszeitungen, vornehmlich in den Wochenendausgaben, nach wie vor interessant. Manche Firmen schalten Anzeigen extra nur vor Ort, um Bewerber aus der Region anzusprechen. Andere bevorzugen Fach- und Branchenmagazine. Und es gibt auch immer noch Firmen, die offene Stellen grundsätzlich nur über Zeitungen ausschreiben.

Networking: der verdeckte Stellenmarkt

Vom verdeckten Stellenmarkt spricht man, wenn Stellen nicht öffentlich ausgeschrieben werden. Dann verlassen sich die suchenden Unternehmen beispielsweise auf Mitarbeiterempfehlungen oder berufliche Kontakte zu interessanten Bewerbern, die am Rande von Fachmessen entstanden sind. Sie können diese Möglichkeiten der Kontaktanbahnung und -pflege nutzen:

→ Fachmessen
→ private Kontakte
→ berufliche Kontakte
→ Netzwerke im Internet

Der große Vorteil von Fachmessen liegt darin, dass sich in der Regel die ganze Branche trifft. Hier gilt, dass Sie sich mit Ihrem Wechselwunsch nicht unbeabsichtigt zum Branchentratsch machen dürfen. Aber ein gezielter Kontaktaufbau, gerne auch unter dem Deckmantel, sich für die neuesten Produkte oder Dienstleistungen der Mitbewerber zu interessieren, hilft sicherlich weiter. Sammeln Sie also Visitenkarten bei der lieben Konkurrenz.

Viele Menschen sind über Hobbys und Freizeitaktivitäten mit anderen verbunden. Die einen engagieren sich ehrenamtlich in Sportvereinen oder Interessengruppen, die anderen knüpfen über ihre Kinder Kontakte am Rande von Versammlungen oder Veranstaltungen in Kindergärten oder Schulen. Oft kennt man den beruflichen Hintergrund der Menschen, mit denen man häufiger spricht. Überlegen Sie daher einmal gründlich, welcher Ihrer privaten Kontakte Ihnen bei einer Bewerbung nützlich sein könnte.

Wer beruflich im Einkauf, im Verkauf, im Service oder sonst mit Kunden zu tun hat, ist bei der Arbeitgebersuche klar im Vorteil. Spitzen Sie die Ohren, um rechtzeitig zu erfahren, welche Firmen investieren, wachsen und einstellen wollen und deshalb engagierte Mitarbeiter suchen.

Soziale Netzwerke im Internet mit beruflicher Ausrichtung wie Linkedin oder Xing entsprechen privaten und beruflichen Kontakten, allerdings auf digitaler Basis. Sie sollten Ihre beruflichen Wechselwünsche natürlich nicht gleich im Internet herausposaunen. Passende und vertrauenswürdige Web-2.0-Kontakte können Sie aber ebenfalls für ihre Bewerbungsaktivitäten nutzen. Fragen Sie beispielsweise nach, ob das Unternehmen, bei dem Ihr Kontaktpartner tätig ist, in nächster Zeit expandieren möchte und daher neue Stellen geschaffen werden, ob Kollegen aus der Führungsmannschaft sich mit Wechselabsichten tragen und das Unternehmen bald verlassen werden oder ob interessante Stellen frei werden, weil die Stelleninhaber in den Ruhestand gehen.

Executive Search: Headhunter

Zunächst gilt es, Headhunter von Personalberatern zu unterscheiden, denn diese beiden Begriffe werden von Führungskräften häufiger durcheinandergewirbelt.

Personalberater schalten im Auftrag von Unternehmen Stellenausschreibungen, sind also im offenen Stellenmarkt tätig. Unternehmen beauftragen Personalberatungen aus unterschiedlichen Gründen mit der Suche nach Führungskräften, beispielsweise, weil der momentane Stelleninhaber, dem wegen schlechter Leistungen gekündigt werden soll, dies nicht zu früh erfahren darf. Oder weil die liebe Konkurrenz nicht mitbekommen soll, dass neue geschäftliche Aktivitäten, die eine entsprechende Führungsriege benötigen, in Angriff genommen werden sollen. Und oft auch deswegen, weil die beauftragten Personalberatungen als externe Dienstleister die mit der Bewerberauswahl verbundenen Zwischenschritte wie die Auswertung von Bewerbungsunterlagen, das Führen von strukturierten Interviews oder die Durchführung von Einzel-Assessment-Centern gleich miterledigen.

Headhunter dagegen sind im verdeckten Stellenmarkt tätig. Sie schalten keine Stellenausschreibungen in Jobbörsen oder dem Stellenteil von Zeitungen. Stattdessen machen sie sich selbst auf die Suche nach passenden Kandidaten, daher auch die Bezeichnung Executive Search. Viele Führungskräfte wünschen sich, von Headhuntern angesprochen zu werden, allerdings ist ihnen oft unklar, was sie selbst dazu beitragen können, um ins Visier der Headhunter zu geraten. Hier einige bewährte Möglichkeiten, um Headhunter auf sich aufmerksam zu machen:

→ **Jobprofile in Jobbörsen**
→ **Networking in der Branche**
→ **Aktivitäten in der Öffentlichkeit**
→ **Netzwerke im Internet**
→ **Direktansprache von Headhuntern**

Die bereits vorgestellten speziellen Jobbörsen für Führungskräfte, die allgemeinen Jobbörsen und die Branchen-Jobbörsen enthalten nicht nur Stellenausschreibungen für Führungskräfte. Sie bieten auch die Möglichkeit, das eigene berufliche Profil einzustellen. Gerade Headhunter nutzen diese Recherchemöglichkeit gerne, insbesondere dann, wenn es sich um Bewerber mit speziellen Kenntnissen oder gesuchten Branchenerfahrungen handelt. Der Erstkontakt zur umworbenen Führungskraft wird dann per Telefon oder E-Mail hergestellt.

Headhunter sind Vieltelefonierer, sie rufen Führungskräfte direkt am Arbeitsplatz an und fragen, ob der Angerufene nicht einen Tipp geben könne, wer für eine bestimmte Stelle, für die spezielle Erfahrungen oder Kenntnisse unverzichtbar sind, grundsätzlich geeignet sei. Diese Arbeitsweise der Headhunter können Sie für sich nutzen. Pflegen Sie Kontakte innerhalb und außerhalb Ihres Unternehmens und lassen Sie Ihre Kontaktpersonen in groben Zügen wissen, was Sie beruflich machen. Direkte Wechselabsichten müssen Sie bei diesem Networking nicht bekunden, aber indirekte Aussagen wie »Berufliche Chancen muss man heute ja nutzen, wer weiß, wann die wiederkommen« oder »Ich möchte mittelfristig beruflich noch deutlich weiter vorwärtskommen« sind eindeutig genug. Dann werden Ihre Kontaktpersonen Sie bei passender Gelegenheit Headhuntern empfehlen.

Führungskräfte, die auch in der Öffentlichkeit in Erscheinung treten, werden regelmäßig von Headhuntern angerufen, weil sie mit ihren Aktivitäten für Aufmerksamkeit sorgen. Zu diesen Aktivitäten in der Öffentlichkeit gehören unter anderem Vorträge auf Fachmessen oder Fachkongressen, Beiträge für Fachzeitschriften, Interviews für Zeitungen oder Fachzeitschriften, Firmenveranstaltungen im Rahmen von Hochschulmessen oder die Leitung von Fachseminaren oder Workshops für externe Seminaranbieter. Überlegen Sie sich, welche Aktivitäten in der Öffentlichkeit für Sie in Frage kommen könnten, dies ist je nach Berufsfeld ganz unterschiedlich. Jede Aktivität erhöht die Wahrscheinlichkeit, dass auch Headhunter auf Sie aufmerksam werden.

Die bereits erwähnten Netzwerke mit beruflicher Ausrichtung, Linkedin und Xing, werden von Headhuntern bei der Suche nach interessanten Kandidaten häufig genutzt, und diese Tendenz nimmt deutlich zu. Sogar einige Personalabteilungen großer Konzerne recherchieren mittlerweile in Netzwerken, um sich sowohl den »Umweg« über eine Personalberatung als auch die Kosten dafür zu sparen. Wenn Sie Ihre beruflichen Aktivitäten also frei im Internet präsentieren möchten, sollten Sie Ihr berufliches Profil aussagekräftig beschreiben. Eine bloße Auflistung von beruflichen Stationen reicht nicht aus, um das Interesse von Headhuntern zu wecken.

Statt darauf zu warten, dass Sie von Headhuntern angesprochen werden, können sie auch den umgekehrten Weg wählen und von sich aus den Kontakt suchen. Eine Kontaktaufnahme kann für Sie interessant sein, wenn Sie sich mittelfristig verändern wollen. Manche Executive-Search-Unternehmen sind grundsätzlich an Kandidaten mit überdurchschnittlichem Potenzial interessiert, die sie bei Bedarf vermitteln können. Da die Anzahl der am Markt vertretenen Executive-Search-Unternehmen sehr groß ist, sollten Sie mithilfe des Internets versuchen, diejenigen herauszufiltern, die sich auf Ihre Branche spezialisiert haben.

Checkliste: Stellensuche

○ Nutzen Sie den offenen sowie den verdeckten Stellenmarkt und überlegen Sie sich, wie Sie Headhunter auf sich aufmerksam können.

○ Im offenen Stellenmarkt können Sie diese Suchwege nutzen:
– spezielle Jobbörsen für Führungskräfte
– allgemeine Jobbörsen und Jobrobots
– branchenspezifische Jobbörsen
– Firmen-Homepages
– Tageszeitungen und Fachmagazine

○ Den verdeckten Stellenmarkt können Sie sich auf diese Weise erschließen:
– Fachmessen
– private Kontakte
– berufliche Kontakte
– Netzwerke im Internet

○ Unterscheiden Sie Personalberater von Headhuntern. Personalberater schalten Stellenausschreibungen im offenen Stellenmarkt, Headhunter sprechen Kandidaten direkt an (Executive Search).

○ So können Sie Headhunter auf sich aufmerksam machen:
– Jobprofile in Jobbörsen
– Networking in der Branche
– Aktivitäten in der Öffentlichkeit
– Netzwerke im Internet
– Direktansprache von Headhuntern

Stellenausschreibungen: Erkennen Sie die Anforderungen an Führungskräfte?

Bevor eine Stelle für Führungskräfte neu besetzt wird, ist im Unternehmen eine Menge Vorarbeit nötig: Die Geschäftsleitung muss definieren, über welche Führungskompetenzen, Kenntnisse und Erfahrungen die neue Spitzenkraft mindestens verfügen muss und welche Qualifikationen darüber hinaus wünschenswert wären. In großen Konzernen wird die Personalabteilung mit eingebunden, die den Fokus auch auf die persönlichen Fähigkeiten (Soft Skills) des oder der Neuen ausrichtet. Oder es wird eine externe Personalberatung hinzugezogen, die ebenfalls einen Anforderungskatalog erstellt. In Stellenausschreibungen lässt sich diese Vorarbeit der Unternehmensseite wiederfinden.

In Stellenanzeigen werden stets die Anforderungen an die Führungskompetenzen, die fachlichen und die persönlichen Voraussetzungen, die ein Bewerber mitbringen sollte, aufgelistet. Auch die neuen Aufgabengebiete werden beschrieben oder zumindest grob skizziert. Festgehalten werden kann also, dass man sich im Unternehmen durchaus etwas dabei denkt, wenn bestimmte Anforderungen an neue Mitarbeiter in der Stellenanzeige aufgestellt werden.

Die Entscheider auf der Firmenseite oder die mit der Vorauswahl beauftragten Personalberater reagieren deshalb auch sehr ungehalten, wenn Bewerber diese Vorarbeit missachten und mit ihren Bewerbungsunterlagen nicht auf die Ausschreibung eingehen. Führungskräfte, die viel schreiben, aber dabei überhaupt keinen Bezug zu den in der Stellenausschreibung genannten Anforderungen herstellen, werden deshalb schnell aussortiert.

Damit Sie dies vermeiden, werden wir Ihnen zeigen, wie Sie die in den Stellenausschreibungen enthaltenen Wünsche der Unternehmen zunächst erkennen, um dann später darauf eingehen zu können. Machen Sie sich dazu mit dem üblichen Aufbau von Anzeigen vertraut. Diese sind fast immer in die Blöcke »Informationen über das Unternehmen«, »Beschreibung der zukünftigen Aufgaben«, »Ihre Voraussetzungen« und »Kontaktdaten« gegliedert. In allen Blöcken verstecken sich wichtige Informationen für Ihre Bewerbung.

Informationen über das Unternehmen

Es werden Hinweise über die Unternehmensgröße, die Branche und eventuell den Standort gegeben. Daneben können Sie aus der Unternehmensbeschreibung oft auch erkennen, ob das Unternehmen auf Wachstumskurs ist, eher traditionsorientiert auftritt oder neue Märkte erschlossen werden sollen.

Die zukünftigen Aufgaben

Begehen Sie nicht den Fehler, die zukünftigen Aufgaben zu missachten. Wir erleben in unserer Beratungspraxis häufig, dass im Anschreiben und im Lebenslauf der Schwerpunkt auf die Darstellung bisheriger Aufgaben gelegt, aber auf die neuen Tätigkeiten nicht ausreichend eingegangen wird. Dabei ist es ein offenes Geheimnis, dass diejenige Führungskraft, die aufzeigen kann, dass sie mit den neuen Aufgaben bereits in Berührung gekommen ist, den Zuschlag erhält. Hier lohnt sich also ganz besonders die Detailarbeit. Versuchen Sie deshalb, so viele Überschneidungen wie möglich von bisherigen Tätigkeiten und neuen Aufgaben in Ihren Bewerbungsunterlagen herauszustellen.

Voraussetzungen des Bewerbers

Auf die im Block Ihre Voraussetzungen genannten Anforderungen müssen Sie explizit eingehen. Schreiben Sie aber nicht einfach die gewünschten Führungskompetenzen, Fachkenntnisse und Soft Skills ab. Besonders Ihre Soft Skills müssen Sie anhand von Praxisbeispielen erläutern, sonst wirken Sie unglaubwürdig. Muss-Anforderungen aus dem fachlichen Bereich müssen Sie auf jeden Fall aufgreifen und beispielhaft belegen, sonst verschlechtern Sie Ihre Chancen drastisch. Bei den Kann-Anforderungen haben Sie dagegen einen gewissen Spielraum. Zwar sollten Sie nach Möglichkeit auch auf diese Anforderungen eingehen, aber Sie müssen sie beispielsweise nicht täglich nachweisen. Das heißt, Sie können Ihre Erfahrungen auch in einer Kollegenvertretung oder in einem speziellen Projekt gemacht haben.

Kontaktdaten und Formelles

Beachten Sie die in den Kontaktdaten des Unternehmens aufgeführten Vorgaben. Wird ein Eintrittstermin von Ihnen verlangt, sollten Sie ihn ebenso angeben wie eine gewünschte Gehaltsvorstellung. Ist in den Kontaktdaten ein persönlicher Ansprechpartner mit telefonischer Durchwahl aufgeführt, sollten Sie ihn auch anrufen. Denn wenn Sie zusätzliche Anforderungen erfahren, erarbeiten Sie sich einen Informationsvorsprung. Fragen Sie beispielsweise, in welcher Gewichtung einzelne Aufgaben zueinander stehen.

Anhand von zwei beispielhaften Stellenanzeigen möchten wir Ihnen nun aufzeigen, wie eine gründliche Analyse aussieht und wie Sie die gewonnenen Informationen nutzen können. Nehmen Sie die Vorarbeit für Ihre Bewerbungsunterlagen sehr ernst: Beweisen Sie Ihrem zukünftigen Arbeitgeber von Anfang an, dass Sie verstehen, worauf es dem Unternehmen ankommt, und dass Sie gründliche Arbeit leisten können.

Leiter Finanzen & Controlling (m/w)

Firmenprofil

Wir sind ein dynamisches Unternehmen der Immobilienbranche. Mit einer herausragenden Position im Port-folio Management und im Asset ist unser Unternehmen auf Wachstumskurs. Unsere Unternehmensziele sind ehrgeizig, dementsprechend hoch sind die Anforderungen an unser Managementteam.

Ihre Aufgaben

- Verantwortung der Abteilungen Finanzen & Controlling
- Erarbeitung der Monats-, Quartals-, Jahres- und Konzernabschlüsse nach HGB und IFRS
- Optimierung des aktiven Cash-Managements
- Weiterentwicklung der internen Controlling-, Finanz- und Reportingprozesse
- Zusammenarbeit mit dem Bereich Investor Relations (Kommunikation mit dem Kapitalmarkt)
- Kompetente Vertretung der Gesellschaft gegenüber Banken, Beratern und Kunden
- Betreuung von M&A-Projekten
- Leitung von Sonderprojekten im Controlling-Umfeld
- Erarbeitung von Richtlinien in den Bereichen Planung, Kostenrechnung, Reporting, Analysen

Ihr Profil

- Erfolgreich abgeschlossenes Hochschulstudium (Schwerpunkt Bereich Finanzen/Controlling/Rechnungswesen)
- Mehrjährige Erfahrung in der erfolgreichen Leitung eines mittelständischen Finanz- und Controlling-bereiches
- Berufserfahrung in der Immobilienbranche von Vorteil
- Bilanzsicher in HGB und IFRS
- Ausgezeichnete Kenntnisse von MS Dynamics und SAP
- Lösungsorientierter Arbeitsstil, hohe Selbstständigkeit und Pragmatismus
- Selbstbewusstes Auftreten und Leistungsbereitschaft

Wir freuen uns auf Ihre Bewerbung. Senden Sie uns bitte nur aussagekräftige Unterlagen mit der Angabe Ihrer Gehaltsvorstellung und des frühestmöglichen Eintrittstermins.

Immo AG

Personalleiterin
Frau Angelika Corth
Neugraben 172
51067 Köln
0221 332211-321
bewerbung@immoag.ag

Auswertung
Stellenanzeige Leiter Finanzen & Controlling (m/w)

In dieser Stellenanzeige sind viele wichtige Informationen für die Aufbereitung der Bewerbungsunterlagen und die Vorbereitung auf spätere Vorstellungsgespräche enthalten.

Informationen über das Unternehmen

Aus den Informationen zum Unternehmen – hier »Firmenprofil« genannt - lässt sich herauslesen, dass es sich um ein Unternehmen auf Wachstumskurs handelt. Führungskräfte, die Aufbauarbeit geleistet haben, sollten dies daher in den Unterlagen herausstellen. Die weiteren Hinweise »ehrgeizige Unternehmensziele« und »hohe Anforderungen an unser Managementteam« dürfen nicht ignoriert werden, insbesondere integrierende oder gar harmonieorientierte Führungskräfte würden sonst womöglich auf einem Schleudersitz landen, aus dem sie schneller, als ihnen lieb ist, wieder herauskatapultiert werden würden.

Die zukünftigen Aufgaben

Im Block »Ihre Aufgaben« wird stichwortartig beschrieben, welche Schwerpunkte das Aufgabenfeld umfasst. Die »Verantwortung der Abteilungen Finanzen & Controlling« und die Erarbeitung der jeweiligen Abschlüsse bilden die Basis. Aber dann geht es gleich weiter mit »Optimierung«, »Weiterentwicklung« und »Sonderprojekten«. Entsprechende Erfolge für innovative Lösungen im bisherigen Werdegang sollten daher im Anschreiben kurz angerissen und im Lebenslauf weiter ausgeführt werden. Zu berücksichtigen sind auch der »Bereich Investor Relations« und die »Kompetente Vertretung der Gesellschaft gegenüber Banken, Beratern und Kunden«. Hier wird eine souveräne Persönlichkeit gesucht, die das Unternehmen angemessen repräsentieren kann – und zwar auf allen Entscheidungsebenen.

Voraussetzungen des Bewerbers

Die Voraussetzungen des Bewerber werden hier überschrieben mit »Ihr Profil«. Ein einschlägiger Hochschulabschluss ist unverzichtbar. Gleiches gilt für die »Mehrjährige Erfahrung in der Leitung eines mittelständischen Finanz- und Controllingbereiches«. Der Wunsch nach »Berufserfahrung in der Immobilienbranche« ist als »Kann«-Anforderung formuliert, also nicht zwingend. Wer diese »Kann«-Anforderung erfüllt, aber in Sachen Führung bisher nur Stellvertretung und Projektleitung vorweisen kann, sollte sich dennoch bewerben. Branchenkompetenz kann eingeschränkte Führungskompetenz durchaus ersetzen. Keine Abstriche sind dagegen bei »HGB« und »IFRS« möglich, Gleiches gilt für die Softwarekenntnisse »MS Dynamics« und »SAP«. Mittelfristig wird sich die Firma eventuell ausschließlich für »SAP« entscheiden, Führungskräfte, die hier einen Change-Prozess gestaltet haben, können damit ebenfalls in der Bewerbung punkten.

Kontaktdaten und Formelles

Das Unternehmen erwartet aussagekräftige, das heißt vollständige Unterlagen mit der Angabe von Gehaltsvorstellung und Eintrittstermin. Bezüglich der Adresse ist die Angabe »Immo AG, Personalleiterin« zu beachten. Bewerber sollten außerdem ihr souveränes Auftreten mit einem Anruf bei Frau Angelika Cohrt unter Beweis stellen.

So könnten Sie formulieren

»Seit mehr als zwölf Jahren arbeite ich nachweislich erfolgreich in den Aufgabenfeldern Finanzen & Controlling, davon fünf Jahre als Führungskraft. In meiner aktuellen Position habe ich das Reporting für Geschäftsleitung, Banken und Gesellschafter verantwortet und war auch Ansprechpartner für Wirtschaftsprüfer und Finanzbehörden. Weiter gehören zu meinen Aufgaben das Liquiditätsmanagement und die Liquiditätsplanung im Sinne eines aktiven Cash-Managements. Die termingerechte Erstellung von Monats-, Quartals- und Jahresabschlüssen nach HGB und IFRS gehört seit fünf Jahren zu meinem Verantwortungsbereich.«

... Führungsherausforderung im Supply Chain Management

Unser Auftraggeber ist eines der führenden Unternehmen für Nutzfahrzeugteile. Ein professionelles mittelständisches Familienunternehmen, das sich durch eine internationale und offene Atmosphäre, schnelle Entscheidungen und große Gestaltungsspielräume auszeichnet. Machen Sie diese Erfolgsgeschichte zu Ihrer eigenen und kommen Sie zu unserem Auftragsgeber als

Leiter Logistik / Geschäftsführer (m/w)

Sie tragen in dieser Position die Gesamtverantwortung für die internationale und nationale Logistik und steuern und koordinieren die zentralen und logistikrelevanten Administrationsabläufe. Weiter betreuen Sie unsere Tochtergesellschaften im In- und Ausland. Die Verantwortung umfasst die ergebnisorientierte Führung von über 200 Mitarbeitern. Im Einzelnen bedeutet dies:

- Koordination und eigenverantwortliche Ausarbeitung, Ausschreibung und Vergabe von Rahmenverträgen für allgemeine Logistikdienstleistungen und Großprojekte in Abstimmung mit den entsprechenden Logistikniederlassungen im In- und Ausland.
- Verantwortung für Supply-Chain-Management-Prozess-Audits in den internationalen und nationalen Niederlassungen
- Verantwortung für die Optimierung des Liefertreuegrades und das Sales & Operation-Planning
- Definition und Umsetzung der Standortstrategien in Bezug auf SCM
- Planung, Gestaltung und Realisierung von Strategien zur Kundenintegration
- Steuerung des Inhouse-Consulting zur Optimierung der logistischen Ressourcensteuerung
- Erkennen und Realisieren von Verbesserungs-, Einspar- und Claimpotenzialen
- Verbandsarbeit

Ihre Qualifikation: Studium (BA, FH, Uni) mit Schwerpunkt Logistik oder Supply-Chain-Management oder vergleichbare Ausbildung mit entsprechender Zusatzqualifikation. Nachweislich fundierte Erfahrung im Logistikbereich, idealerweise in der Automobil- oder Nutzfahrzeugzulieferindustrie. Fähigkeit zur Umsetzung von komplexen Vertragsinhalten in logistische Konstellationen. Sehr gute Kenntnisse im Speditions- und Transportwesen einschließlich Distribution und Lager. Verhandlungs-, Kommunikations- und Führungsstärke in Kombination mit einem guten Durchsetzungsvermögen, auch auf Englisch. Unternehmerische Prägung gepaart mit sehr guten analytischen Fähigkeiten sowie einer strukturierten und ergebnisorientierten Arbeitsweise.

Für telefonische Auskünfte stehen Ihnen Herr Helmut Raupach, Direktwahl 040 3579-13, oder Frau Dr. Sabine Koch, Direktwahl 040 3579-18, zur Verfügung. Die Vertraulichkeit Ihrer Daten ist selbstverständlich garantiert. Ihre Bewerbung richten Sie bitte an

Personal- und Managementberatung,
team executive consultants, Wendenstraße 79, 20537 Hamburg,
team-ec@pum-online.de, www.pum-online.de

Auswertung
Stellenanzeige Leiter Logistik / Geschäftsführer (m/w)

Auch bei der Auswertung dieser Stellenanzeige müssen Bewerber sorgfältig vorgehen, denn so manches versteckte Detail wird erst nach mehrmaligem Lesen deutlich werden.

Informationen über das Unternehmen	Hier sucht eine Personalberatung für ein internationales, mittelständisches Familienunternehmen. Der Hinweis »Familienunternehmen« ist sehr wichtig. In unserer Beratungspraxis haben wir öfter erlebt, dass es gilt, bereits im Vorfeld zu klären, welche Familienmitglieder momentan in der Geschäftsleitung vertreten sind und wie die Nachfolgeregelung geplant ist. Es können sonst Kompetenzprobleme zulasten des neuen »Leiters Logistik / Geschäftsführer« entstehen.
Die zukünftigen Aufgaben	Meist werden die zukünftigen Aufgaben mit Spiegelstrichen oder Punkten übersichtlich aufgelistet. Hier gibt es aber eine Mischung aus Fließtext und Auflistung. Dies führt in der Bewerbungspraxis häufig dazu, dass Aufgaben überlesen und in Anschreiben und Lebenslauf nicht aufgegriffen werden. Damit verschlechtern Führungskräfte ungewollt ihre Chancen. Im Zentrum des künftigen Aufgabenfeldes stehen sowohl Fachaufgaben aus dem Logistikbereich (»Leiter Logistik«), als auch koordinierende, strategische und administrative Aufgaben (»Geschäftsführer«). Eine Gemengelage, die nicht unproblematisch ist: Jedoch gibt es durchaus Gestaltungsräume, beispielsweise die »Definition und Umsetzung der Standortstrategien in Bezug auf SCM« oder die »Realisierung von Strategien zur Kundenintegration«. Vergessen werden darf dabei nicht, dass es um die ergebnisorientierte Führung von über 200 Mitarbeitern geht.
Voraussetzungen des Bewerbers	Auch in dieser Stellenausschreibung werden die Branchenkenntnisse – »idealerweise in der Automobil- oder Nutzfahrzeugzulieferindustrie« – als »Kann«-Anforderung beschrieben. Interessant ist die »Steuerung des Inhouse-Consulting«: Wer hier auf Projekte aus dem Bereich »Restrukturierung«, »Prozessoptimierung« oder »Turnaround« verweisen kann, ist klar im Vorteil. Der Wunsch nach »Verhandlungs-, Kommunikations- und Führungsstärke« ist eindeutig. Entsprechende Beispiele müssen in den Bewerbungsunterlagen aufgeführt werden. Ein Tipp für den Hinweis »auch auf Englisch«: Pluspunkte können Führungskräfte hier sammeln, wenn sie ihren Lebenslauf sowohl auf Deutsch als auch auf Englisch zusenden und für das Vorstellungsgespräch ihren beruflichen Werdegang und besondere Erfolge daraus in einer Selbstpräsentation auf Englisch vorbereitet haben.
Kontaktdaten und Formelles	Für telefonische Vorabinformationen stehen zwei Ansprechpartner zur Verfügung – in sehr deutlicher Hinweis darauf, dass Anrufe explizit erwünscht sind. Die Bewerbungsunterlagen sind per E-Mail oder Post an die beauftragte Personalberatung zu richten.
So könnten Sie formulieren	»Als Führungskraft überzeuge und motiviere ich meine Mitarbeiter mit meiner ausgeprägten ›Hands-on‹-Mentalität. Ich betreibe aktives Schnittstellenmanagement und bin daher für meine Kollegen und Mitarbeiter ein nachgefragter Ansprechpartner bei allen Fragen zu Prozessen, Materialflüssen, System-und Techniklösungen im Bereich Logistik. Weiter gehörten beispielsweise die eigenverantwortliche Implementierung von Qualitätsmanagementsystemen (IFS, ISO 9001 / 14001) und die permanente Realisierung von Einsparpotenzialen in Abstimmung mit den Fachabteilungen, zu meinen Aufgaben. Sehr gute Englisch-, MS-Office- und SAP-R/3-Kenntnisse runden mein Profil ab.«

Checkliste: Auswertung von Stellenausschreibungen

○ Welchen ersten Eindruck haben Sie von der Stellenanzeige (konservativ, modern, sachlich, dynamisch)?

○ Handelt es sich bei dem Unternehmen um einen Konzern, ein mittelständisches Unternehmen, einen Kleinbetrieb oder sucht der öffentliche Dienst?

○ Haben Sie schon einmal etwas über das Unternehmen gehört?

○ Ist das Unternehmen regional, deutschlandweit oder international tätig?

○ Wird das Aufgabenfeld der zukünftigen Tätigkeit deutlich?

○ Welche Führungsaufgaben sollen Sie übernehmen? Haben Sie bei der Analyse die sieben Kernkompetenzen, die Führungskräfte beweisen müssen, im Hinterkopf?

○ Haben Sie die geforderten Fachkenntnisse in der Stellenanzeige identifiziert?

○ Sind die verlangten persönlichen Fähigkeiten, die Soft Skills, von Ihnen erkannt worden?

○ Werden Sprachkenntnisse – direkt oder indirekt – verlangt?

○ Wünscht man bestimmte EDV-Kenntnisse vom neuen Mitarbeiter?

○ Haben Sie die Muss- und die Kann-Anforderungen identifiziert?

○ Wird ein bestimmter Ausbildungs- oder Studienabschluss gefordert?

○ Fordert das Unternehmen spezielle Erfahrungen ein (Aufbauarbeit, Beratung, Organisation, Außendienst, Schulung, Datenverarbeitung)?

○ Wird mehrjährige Berufserfahrung verlangt?

○ Fordert man von Ihnen Reisetätigkeit (Inland, Ausland)?

○ Gibt es Hinweise auf Einarbeitung, Fortbildung oder Entwicklungschancen?

○ Sollen Sie Ihre Gehaltsvorstellungen äußern?

○ Sollten Sie den frühesten Eintrittstermin angeben?

○ Ist eine Bewerbungsfrist enthalten?

○ Gibt es eine Kennziffer für die Stellenanzeige?

○ Wird eine vollständige Bewerbung oder eine Kurzbewerbung gefordert?

○ Sind persönliche Ansprechpartner für die Bewerbung aufgeführt?

○ Wird die direkte Durchwahl oder die persönliche E-Mail-Adresse des Ansprechpartners angegeben?

○ Gibt es einen Hinweis auf eine Homepage des Unternehmens?

○ Wird ausdrücklich eine E-Mail-Bewerbung verlangt, oder ist auch eine Bewerbung in Papierform möglich?

○ Welche Voraussetzungen erfüllen Sie Ihrer Meinung nach? Und welche nicht?

○ Nur die wenigsten Kandidaten erfüllen alle Voraussetzungen. Es gilt die Faustregel: »Wer etwa 80 Prozent der Anforderungen erfüllt, darf sich bewerben!«

Headhunter und Personalberatungen: Wo liegen Ihre Informationsgrenzen?

Da nach unserer Erfahrung etwa die Hälfte aller Führungsstellen mittels Personalberatungen oder Headhuntern besetzt wird (bei Top-Positionen sogar mehr als 75 Prozent), möchten wir Ihnen ans Herz legen, sich schon jetzt zu überlegen, welche Informationsgrenzen Sie im Umgang mit Personalberatern und Headhuntern setzen möchten.

An dieser Stelle rufen wir Ihnen noch einmal die Unterscheidung von Personalberatern und Headhuntern ins Gedächtnis, die wir Ihnen im Kapitel »Suche: Wie finden Sie Ihre Wunschfirma?« vorgestellt haben. Personalberater sind im offenen Stellenmarkt tätig, schalten also im Auftrag von Unternehmen Stellenausschreibungen in Jobbörsen, Zeitungen oder Fachmagazinen. Headhunter suchen ebenfalls im Auftrag von Unternehmen nach passenden Kandidaten, allerdings im verdeckten Stellenmarkt. Sie arbeiten ohne Stellenausschreibungen. Vielmehr sprechen Sie ihrer Meinung nach geeignete Kandidaten direkt an, daher auch die Bezeichnung Executive Search.

Vorsicht vor der fachlichen Fixierung

Bei Führungskräften stellen wir häufig eine Fixierung auf die fachliche Kompetenz fest. Fragen zur Persönlichkeit, zur Arbeitsweise, zur Mitarbeiterführung oder zur Eigenmotivation werden oft als lästig empfunden. Geeignete Antworten sind daher spontan selten zu erzielen. Erst wenn wir die wichtigen persönlichen Fähigkeiten aus den bisherigen beruflichen Erfahrungen und Erfolgen herausarbeiten, stellt sich bei den beratenen Führungskräften der von uns angestrebte Aha-Effekt ein.

Um Personalberater zu überzeugen, müssen Sie immer im Hinterkopf haben, dass persönliche Fähigkeiten bei der Bewerberauswahl eine große Rolle spielen. Setzen Sie daher in Telefonaten oder persönlichen Gesprächen mit Personalberatern bewusst Ihre vorbereitete Selbstpräsentation ein (mehr dazu im Kapitel »Telefoninterview: Warum haben Sie sich bei uns beworben?«). Machen Sie deutlich, dass Ihre persönlichen Fähigkeiten ein entscheidender Erfolgsfaktor bei Ihrem bisherigen Aufstieg gewesen sind. Denn erst wenn Sie Personalberater überzeugen können, werden Sie die Chance bekommen, sich ebenfalls den Entscheidern auf der Firmenseite vorzustellen.

Wenn der Headhunter anruft

Einige Führungskräfte haben es schon an ihrem Arbeitsplatz erlebt: Das Telefon klingelt, und am anderen Ende der Leitung gibt sich ein Headhunter zu erkennen, der für ein Unternehmen wechselwillige Top-Kandidaten sucht. Diese Vorgehensweise ist höchstrichterlich abgesegnet. Es ist Headhuntern erlaubt, geeignete Kandidaten direkt am Arbeitsplatz anzurufen. Allerdings darf dieser Erstkontakt nur kurz und formal gehalten werden. Wenn Sie also Interesse an den weiteren Informationen des Headhunters und zu der zu vergebenden Stelle haben, sollten Sie sich darauf verständigen, zu einem späteren Zeitpunkt, üblicherweise am Abend oder am Wochenende, miteinander zu telefonieren. Wenn Sie möchten, dass Ihnen der Headhunter seine Kontaktdaten übermittelt, sollten Sie sich seine E-Mail-Adresse nennen lassen. Dies hat den Vorteil, dass Sie sie an Ihrem Arbeitsplatz im Büro unbemerkt von Kollegen oder Assistenten aufschreiben können. Wenn Sie dagegen Ihre eigene private E-Mail-Adresse laut buchstabieren, könnte dies auffallen und für ungewollte Nachfragen seitens des beruflichen Umfeldes sorgen. Auch wenn Ihnen bereits bewusst ist, dass Sie nicht Ihre offizielle Firmen-E-Mail-Adresse, sondern Ihre private verwenden sollten, rufen wir Ihnen dies noch einmal ausdrücklich in Erinnerung. Wir erleben es in unserer Beratungspraxis sehr oft, dass einige Führungskräfte hier recht unbedarft handeln. Schließlich haben die Unternehmen Zugriff auf die E-Mails ihrer Angestellten. Und dieser Zugriff wird mehr genutzt, als manche Arbeitnehmer sich vorstellen können. Gleiches gilt für Telefonate mit Headhuntern. Auch diese sollten nach der ersten Kontaktaufnahme über ein privates Handy und nicht über das Firmenhandy geführt werden. Zu jedem Firmenhandy gibt es bei Bedarf einen Einzelverbindungsnachweis. Ständige Gespräche zu Headhuntern sollten hier auf keinen Fall auftauchen.

Diskretion gegenüber Personalberatern wahren

Da sehr viele Stellen für Führungskräfte im offenen Stellenmarkt mit Hilfe von beauftragten Personalberatungen besetzt werden, gelten auch hier einige Besonderheiten. Wenn Sie vor dem Versand Ihrer Unterlagen bei der üblicherweise in der Stellenausschreibung aufgeführten Telefonnummer anrufen, können Sie Klartext sprechen, also Ihren aktuellen Arbeitgeber benennen oder ihn umschreiben. Bei der Umschreibung können Sie zu Formulierungen greifen, die auch Personalberatungen nutzen, um ihre Auftraggeber verschlüsselt darzustellen. Die Kunst besteht darin, genügend Informationen über Ihr Unternehmen zu geben, ohne es konkret zu benennen. Greifen Sie auf Angaben wie Unternehmensgröße, Branche, Marktstellung, Länderpräsenzen und Mitarbeiterzahl zurück. Übliche Formulierungen in einem Telefonat, wie »Momentan bin ich als Marketingleiter für die Industrie AG tätig« können Sie dann ersetzen durch »Momentan bin ich als Marketingleiter für einen führenden deutschen Hersteller von Equipment für die Halbleiterindustrie tätig«. Statt zu sagen »Für meinen Arbeitgeber, die Dienstleistungs GmbH & Co. KG, leite ich in verantwortlicher Position die Bereiche Produktion und Logistik« können Sie die folgende Umschreibung verwenden: »Für meinen Arbeitgeber, einen international aufgestellten mittelständischen Automobilzulieferer, leite ich in verantwortlicher Position die Bereiche Produktion und Logistik.«

Setzen Sie den im Telefonat eingeschlagenen Weg dann bei der Ausformulierung Ihrer Bewerbungsunterlagen fort. Beschreiben Sie im Anschreiben und im Lebenslauf Ihren Arbeitgeber ebenso aussagekräftig, ohne ihn ausdrücklich zu nennen. Im Anschreiben können Sie die gleichen Formulierungen, wie eben für Telefonate vorgestellt, verwenden. Und im Lebenslauf können Sie Ihren momentanen Arbeitgeber beispielsweise so beschreiben: »01/2004 bis heute, Produktions- und Logistikleiter bei einem Automobilzulieferer (600 Mitarbeiter, Umsatz 450 Millionen Euro), Tätigkeiten: ...«

Achtung: Gehaltsfrage und Wechselwunsch

Wenn Sie in einen Informationsaustausch mit Headhuntern oder Personalberatern einsteigen, spielen die Themen Gehaltsfrage und Wechselwunsch oft sehr schnell eine Rolle. Inhaltliche Argumente für Ihren Gehaltswunsch und die plausible Begründung Ihres Stellenwechsels finden Sie in den Kapiteln »Gehaltsfrage: Wie formulieren Sie hier taktisch?« und »Anschreiben: Können Sie Ihre Einstellungsargumente fokussieren?«. Es gibt ab und an Headhunter und Personalberater, die doch etwas forsch vorgehen und versuchen, Sie über Ihr aktuelles Gehalt auszufragen. Selbstverständlich ist an dieser Stelle Zurückhaltung angebracht. Berücksichtigen Sie, dass das Spektrum der Headhunter sehr weit gespannt ist. Es gibt die bekannten großen Personalberatungen mit Executive Search-Teams, aber auch sehr viele spezialisierte kleinere. Guten Personalberatern und Headhuntern, und die bilden die Mehrzahl, geht es wie uns. Sie und wir möchten, dass Sie einen neuen Führungsjob finden, in dem Sie Ihr volles Potenzial entfalten können und sich wohlfühlen. Dennoch sollten Sie sich bei der Zusammenarbeit mit einem oder mehreren Personalberatern oder Headhuntern immer wieder vor Augen führen, dass es gelegentlich zu einem Zielkonflikt kommen kann. Denn es gibt auch Personalberater und Headhunter, die sehr unter Druck stehen und vor allem eins möchten: eine Erfolgsprämie für eine erfolgreiche Vermittlung. Haken Sie deshalb ruhig einmal mehr nach, wenn Ihnen etwas unklar ist. Und setzen Sie, insbesondere im Erstkontakt, bewusst Informationsgrenzen.

Checkliste: Umgang mit Headhuntern und Personalberatern

○ Wenn Sie von einem Headhunter kontaktiert werden: Wissen Sie, dass Sie den Anruf kurz halten und formal gestalten müssen (Verabredung zu einem späteren Zeitpunkt, um ein inhaltliches Gespräch über die neue Stelle zu führen)?

○ Benutzen Sie für den Austausch der Kontaktdaten mit einem Headhunter Ihre private E-Mail-Adresse?

○ Wollen Sie mit dem Headhunter künftig über Ihr Firmenhandy oder Ihr Privathandy telefonieren (Denken Sie dabei an den Einzelverbindungsnachweis, den der Arbeitgeber eventuell erhält)?

○ Lassen Sie sich die E-Mail-Adresse des Headhunters durch den Telefonhörer buchstabieren, damit Sie an Ihrem Arbeitsplatz nicht in Anwesenheit von Kollegen laut und deutlich Ihre private E-Mail-Adresse in den Telefonhörer sprechen müssen?

○ Wenn Sie eine externe Personalberatung, die in einer Stellenausschreibung genannt wird, anrufen: Möchten Sie auf Nachfrage Ihren momentanen Arbeitgeber benennen?

○ Wenn nicht: Haben Sie sich eine aussagekräftige Umschreibung überlegt (orientieren Sie sich dabei an den Formulierungen in Stellenanzeigen, mit denen Unternehmen verschlüsselt beschrieben werden)?

○ Können Sie Ihre Gehaltsvorstellung gegenüber einem Headhunter oder Personalberater für die ausgeschriebene Position benennen und eventuell kurz begründen?

○ Haben Sie sich vorab überlegt, ob und wie Sie einem Headhunter oder Personalberater auf eine Nachfrage zu Ihrem aktuellen Gehalt antworten?

○ Können Sie Ihren Wechselgrund einem Headhunter oder Personalberater kurz erläutern – und zwar taktisch?

○ Nach dem Gespräch: Haben Sie den Eindruck gewonnen, dass Ihre Bewerbungsunterlagen bei dem Headhunter oder Personalberater gut aufgehoben wären und damit vertrauensvoll umgegangen wird?

Anschreiben: Können Sie Ihre Einstellungsargumente fokussieren?

Sie liefern mit Ihrem Anschreiben ein Kurzgutachten über Ihre bisherigen (Führungs-)Erfahrungen, Kenntnisse und Fähigkeiten und sollten ebenso erkennen lassen, dass Sie mit den künftigen Aufgaben beim neuen Arbeitgeber grundsätzlich zurechtkommen werden. Und auch in formaler Hinsicht muss Überzeugungsarbeit geleistet werden, weil aus der Form erste Rückschlüsse auf die Arbeitsweise der Führungskraft gezogen werden.

Personalverantwortliche beginnen die Überprüfung von Bewerbungsunterlagen in der Regel mit dem Lesen des Anschreibens. Wenn Sie schon mit dem Anschreiben nicht überzeugen können, steht die weitere Prüfung der Unterlagen bereits unter einem schlechten Stern. Denn Personalverantwortliche sind es gewohnt, sich in kürzester Zeit ein erstes Bild von den Qualifikationen und der Persönlichkeit eines Bewerbers zu machen.

Wie fokussieren Sie?

Da Sie nun wissen, wie Sie Stellenausschreibungen analysieren und auswerten und auch zwischen den Zeilen lesen können, haben Sie sich damit die Grundlage für die Ausgestaltung Ihrer Anschreiben erarbeitet. Denn für Ihren Bewerbungserfolg kommt es nicht darauf an aufzuführen, was Sie alles an Aufgaben am momentanen Arbeitsplatz erledigen, sondern darauf darzustellen, was von diesen Aufgaben auch wirklich zur neuen Stelle passt. Vom Motto »Viel hilft viel!« raten wir daher dringend ab. Treffen Sie bewusst eine Auswahl, behalten Sie bei der Formulierung des Anschreibens immer die Stellenausschreibung im Blick. Wenn Sie sich auf mehrere Stellen bewerben, können Sie sich an unserem Vorgehen in unserer Coachingpraxis orientieren. Wenn es darum geht, Anschreiben passgenau auf unterschiedliche Ausschreibungen zuzuschneiden, bleiben etwa 70 Prozent eines Anschreibens gleich (Basisprofil), und etwa 30 Prozent werden neu und individuell ausformuliert (Ergänzungsprofil).

Wie arbeiten Sie Schnittstellen heraus?

Selbstverständlich dürfen Sie die Formulierungen aus der Stellenausschreibung nicht einfach abschreiben, aber Sie dürfen auch nicht »am Thema vorbei« formulieren. Gehen Sie also in Ihrem Anschreiben auf die Anforderungen der ausgeschriebenen Stelle ein und erwähnen Sie zusätzlich noch ein bis zwei Erfahrungen, Fähigkeiten oder Kenntnisse, die für die Bewältigung der ausgeschriebenen Position nützlich sind. So stellt sich beim lesenden Personalverantwortlichen der »Kandidat-denkt-mit-Effekt« ein. Hierzu ein Beispiel: In einer ausgeschriebenen Stelle für einen zukünftigen kaufmännischen Leiter werden folgende Anforderungen genannt: »Zentraler Ansprechpartner für die kommerzielle Vertragsabwicklung und -verfolgung«, »Ausarbeitung von passgenauen Angeboten« und »erfolgsorientierte Arbeitsweise«. Ein Bewerber kann die genannten Anforderungen ergänzen durch Belege für seine »Abschlusssicherheit« oder sein »Verhandlungsgeschick«. Damit sammelt er Pluspunkte und rundet sein Profil ab. Im Anschreiben könnte der Beleg für seine Abschlusssicherheit so aussehen: »Im Außendienst habe ich seinerzeit meine Kontaktstärke und Abschlusssicherheit entwickelt. Für meinen derzeitigen Arbeitgeber habe ich Großkunden betreut und konnte den Umsatz deutlich steigern.« Sein Verhandlungsgeschick ließe sich so dokumentieren: »Im Rahmen der Lieferantensteuerung habe ich selbstständig Preisverhandlungen geführt und war für die Vertragsausgestaltung zuständig.«

Wie begründen Sie den Stellenwechsel?

Nicht alle Führungskräfte suchen eine neue Stelle, weil sie sich beruflich weiterentwickeln oder einen echten Karrieresprung in Angriff nehmen möchten. Dies wissen auch Personalprofis und werden daher hellhörig, wenn Bewerber den Wunsch nach einer neuen Stelle nicht plausibel begründen können. Aus unserer Beratungspraxis wissen wir, dass Führungskräften diese Begründung im Anschreiben, in Telefongesprächen mit Personalberatern und auch in Vorstellungsgesprächen oft sehr schwer fällt. Viel zu viele setzen auf das Prinzip Ehrlichkeit, dann entsteht aber leider häufig der Eindruck, dass sie im neuen Unternehmen nicht den neuen Wunscharbeitgeber sehen, sondern eher die Notlösung für Probleme am alten Arbeitsplatz. Für eine Einstellungsentscheidung ist das natürlich keine tragfähige Basis. Wir benutzen daher im Coaching diese drei Argumentationslinien, um einen Stellenwechsel im Bewerbungsverfahren plausibel zu machen.

Argumentationslinie 1 »Erfahrungen einbringen«

Bildlich gesprochen gehen Führungskräfte in ihrer beruflichen Entwicklung hier einen Schritt zur Seite, beispielsweise bewirbt sich ein Leiter Einkauf & Logistik eines Automotive-Unternehmens nun bei einem anderen Automotive-Unternehmen. Diese Führungskräfte berufen sich dann darauf, dass sie zwar schon über Führungs-, Branchen- und Fachwissen und umfangreiche Erfahrungen verfügen, aber nicht zum Stillstand kommen, sondern auch in den nächsten Jahren weiter dazulernen möchten. Den Wechselwunsch begründet diese Bewerbergruppe also idealerweise damit, dass sie ihr umfangreiches Wissen und ihre vielfältigen Erfahrungen nun in einer anderen Firma mit ähnlichen Produkten oder Dienstleistungen einsetzen und vertiefen möchten.

Argumentationslinie 2 »Branchenwechsel«

Manchmal soll nicht nur der Arbeitgeber, sondern auch die Branche gewechselt werden, beispielsweise weil die Arbeitsbedingungen in der momentanen Branche durchgehend zu belastend sind. Denkbar ist diese Konstellation für Führungskräfte in den Bereichen Controlling, Vertrieb, Marketing oder Personal. In diesen Arbeitsbereichen kommt es häufig nicht so stark auf bestimmte Branchenkenntnisse an. Hier wirkt ein Wechselwunsch plausibel, wenn es nachvollziehbare Anhaltspunkte dafür gibt, in welcher Form der Bewerber mit der neuen Wunschbranche bereits in Kontakt gekommen ist. Hier hilft beispielsweise der Verweis auf bestehende Kontakte am Arbeitsplatz zu Lieferanten oder Kunden oder auch auf den hervorragenden Ruf des neuen Arbeitgebers.

Argumentationslinie 3 »Karrieresprung«

Führungskräfte, die aufsteigen möchten, haben es besonders leicht. Sie können sich darauf berufen, dass Sie nachvollziehbar gute Arbeit geleistet haben. Beispielsweise indem sie schildern, wie sie mit daran gearbeitet haben, Umsatz- und Gewinnziele zu erreichen oder zu übertreffen, Reklamationsquoten zu senken oder Qualitätsvorgaben zu kontrollieren und einzuhalten. Wer einige Jahre gute Arbeit geleistet hat und nun mehr Verantwortung im Sinne von Team-, Abteilungs- oder Bereichsleitung übernehmen möchte oder sogar als Niederlassungsleiter/in oder Geschäftsführer/in tätig werden möchte, sollte diesen Wechselwunsch ruhig aussprechen. Sollte im späteren Vorstellungsgespräch die Nachfrage kommen, warum der Karriereschritt nicht beim momentanen Arbeitgeber möglich ist, reicht es aus, kurz zu erklären, dass alle interessanten Stellen für die nächsten Jahre besetzt sind.

Was ist formal zu beachten?

Als Führungskraft bewerben Sie sich nicht zum ersten Mal. Daher wissen Sie bereits, dass Sie unter formalen Gesichtspunkten eine Endkontrolle Ihres Anschreibens durchführen werden, also die Firmenanschrift, den Namen von Ansprechpartnern, die Betreff- und Bezugzeile, die Gliederung in Absätze, die Rechtschreibung und die Lesbarkeit überprüfen werden. In Sachen Umfang des Anschreibens gilt auch für Führungskräfte die »eine DIN-A4-Seite reicht«-Regel. Aus Gründen der Prüfungsfreundlichkeit sollten Sie also immer anstreben, sich auf eine DIN-A4-Seite zu beschränken. Diese Regel ist aber nicht zwingend. Je höher die Führungsposition ist, die Sie anstreben, desto mehr berufliche Vorerfahrung wird oftmals verlangt. Oder Sie müssen Belege für komplexe Projekte einschließlich der dazugehörigen Erfolge liefern. Dann kann es im Einzelfall durchaus sinnvoll sein, ein anderthalbseitiges Anschreiben zu verfassen. Aber Achtung, zwei volle DIN-A4-Seiten, womöglich noch in kleiner Computerschrift verfasst, sind definitiv zu viel. Orientieren Sie sich bei der Gestaltung und Ausformulierung Ihrer Anschreiben an unseren Beispielbewerbungen.

Checkliste: Anschreiben

○ Sind die Firmenanschrift und die Rechtsform des Unternehmens korrekt angegeben?

○ Sind Erstellungsort und Tagesdatum aufgeführt?

○ Ist in der Betreffzeile Ihres Anschreibens die Position genannt, auf die Sie sich bewerben?

○ Werden in der Bezugzeile die Fundstelle der Stellenausschreibung, gegebenenfalls eine Kennziffer und eventuell ein vorbereitendes Telefongespräch angegeben?

○ Steht in der Anrede des Anschreibens der Name der/des Personalverantwortlichen bzw. Personalberaters?

○ Verwenden Sie kurze Sätze, und gliedern Sie den Text in mehrere Blöcke?

○ Geben Sie konkrete Beispiele dafür, was Sie an Führungskompetenz, fachlichen Kenntnissen und persönlichen Fähigkeiten für die neue Position mitbringen?

○ Beschreiben Sie Ihre Qualifikationen, statt sie zu bewerten?

○ Ist der von Ihnen angegebene Wechselgrund plausibel (sonst lieber darauf verzichten)?

○ Beenden Sie Ihr Anschreiben mit dem Wunsch, man möge Sie zum Vorstellungsgespräch einladen?

○ Haben Sie Angaben zu Ihrem Eintrittstermin und Ihren Gehaltswünschen gemacht, wenn dies verlangt wurde?

○ Ist Ihr Anschreiben unterschrieben? Bei E-Mail-Bewerbungen können Sie Ihre Unterschrift in die üblicherweise verwendete PDF-Datei einscannen.

○ Haben Sie eine Endkontrolle unter den Aspekten Lesefluss, Schriftgröße, Schrifttype, Seitenrand, Rechtschreibung und Kommasetzung durchgeführt?

○ Führen Sie auch eine inhaltliche Endkontrolle durch: Erkennen Personalverantwortliche bzw. Personalberater bereits beim ersten Lesen des Anschreibens, dass Sie über einige der sieben Kernkompetenzen, die Führungskräfte beweisen müssen, verfügen?

○ Finden Sie sich selbst in Ihrem Anschreiben wieder?

Gehaltsfrage:
Wie formulieren Sie hier taktisch?

Viele Führungskräfte machen sich darüber Sorgen, dass sie zu wenig Gehalt beim Stellenwechsel verlangen, sich unter Preis verkaufen und die Chance einer spürbaren Gehaltsverbesserung nicht ausreichend nutzen. Oder sie befürchten, dass sie sich durch zu hohe Gehaltsforderungen frühzeitig selbst ins Aus katapultieren.

Aus der Sicht von Personalverantwortlichen und externen Personalberatern sollte es Ihnen vorrangig um Ihre berufliche Entwicklung gehen. Das Gehalt ist dabei nur der formale Rahmen Ihrer zukünftigen Tätigkeit. Argumentieren Sie deshalb inhaltlich: Stellen Sie mit Ihrer Bewerbung heraus, dass Sie ein Gewinn für die neue Firma sind. Heben Sie Ihre Qualifikationen hervor und machen Sie an Beispielen fest, wie Ihnen Ihre Führungskompetenzen, Ihre persönlichen Fähigkeiten und Ihre fachlichen Kenntnisse dabei helfen werden, die neuen Aufgaben erfolgreich zu bewältigen. Es sollte deutlich werden, dass Ihre Arbeitsleistung für die Firma von Anfang an gewinnbringend ist.

Gehaltshöhe und Karrieresprung?

Wenn Ihre berufliche Entwicklungslinie »nach oben« führt und Sie mehr Verantwortung und Handlungsspielräume in der neuen Position suchen oder sogar einen Karrieresprung vollziehen möchten, sollte die neue Stelle auch besser dotiert sein als Ihre vorherige. Als Richtschnur gilt dann: Verlangen Sie etwa 20 Prozent mehr Brutto-Jahresgehalt. Das ist in dieser Höhe für Personalverantwortliche plausibel. Ansonsten vermutet man, dass hinter Ihrem angestrebten Stellenwechsel etwas anderes als der Wunsch nach dem nächsten Karriereschritt steht, beispielsweise eine nahegelegte Kündigung oder permanenter Ärger mit Kollegen oder Chefs.

Mit Richtschnur meinen wir, dass Sie im Idealfall etwa 20 Prozent mehr Gehalt verlangen können. Wenn die Wirtschaft gerade eine krisenhafte Entwicklung durchläuft, wie nach dem Platzen der Internetblase im Jahr 2000 oder der Finanzkrise der Jahre 2007 bis 2009 geschehen, ist es mit Sicherheit sinnvoll, Abstriche am Gehaltswunsch zu machen, um überhaupt im Arbeitsmarkt zu bleiben. Gleiches gilt für die gegenteilige Entwicklung: Boomt die Wirtschaft gerade oder gehören Sie zu einer besonders begehrten Bewerbergruppe, sollten Sie selbstverständlich die Gunst der Stunde nutzen und den Gehaltssprung höher ansetzen.

Gehaltshöhe ermitteln

Argumentieren Sie immer mit Brutto-Jahresgehältern. Wenn Sie Monatsgehälter als Verhandlungsbasis angeben, haben Sie noch nicht die Anzahl der Monatsgehälter (zwölf oder 13) geklärt. Ebenso wenig haben Sie in Ihre Gehaltsvorstellungen Sonderleistungen und Vergünstigungen einbezogen. Überlegen Sie, welche Zahlungen und Leistungen Sie in Ihrer momentanen Stelle erhalten, um Ihr Wunschgehalt bei einem neuen Arbeitgeber zu ermitteln.

Denken Sie dabei auch an Urlaubs oder Weihnachtsgeld, Prämien (flexible Gehaltsbestandteile), die an vorher definierte Erfolgsziele geknüpft sind, Sonderzahlungen, mit denen die Belegschaft am Unternehmenserfolg beteiligt wird, Dienstwagen, eventuell ausbezahlte Überstunden, Weiterbildungskosten, vermögenswirksame Leistungen, Zusatzversicherungen oder eine zusätzliche betriebliche Altersvorsorge. Wenn Sie Ihr momentanes Jahresgehalt komplett erfasst haben, verfügen Sie über eine Basis zur Ermittlung Ihres Wunschgehalts.

Berücksichtigen Sie aber auch, dass durch einen Arbeitsplatzwechsel höhere finanzielle Belastungen entstehen können. Diese zusätzlichen Belastungen sollten Sie im Blick behalten, damit Sie in der neuen Position trotz nomineller Gehaltssteigerungen nicht finanziell verlieren. Beziehen Sie die folgenden Punkte in Ihre Gehaltsüberlegungen mit ein: bisherige Mietbelastung im Vergleich zu künftiger, Verkauf von Wohneigentum und Erwerb von neuem, eventuell entfallende Nebentätigkeiten, Einkommen des/der Lebenspartners/in.

Nachdem Sie Ihr derzeitiges Gehalt ermittelt haben, sollten Sie Informationen über den Gehaltsrahmen der neuen Stelle einholen. Informieren Sie sich über die in Ihrer Branche und der von Ihnen angestrebten Position gezahlten Gehälter. Ihre Vertrautheit mit den Anforderungen der neuen Stelle zeigt sich auch daran, dass Sie mit der üblichen Gehaltshöhe vertraut sind. Nutzen Sie die Veröffentlichungen auf den Berufsseiten großer Tageszeitungen oder in Wirtschaftsjournalen und natürlich das Internet. Geben Sie in Suchmaschinen die Stichworte »Gehalt«, »Stellenbezeichnung« und »Jahr« ein, also beispielsweise »Gehalt Leiter Einkauf 2011«. Bekommen Sie keine ausreichenden Treffer, können Sie die Jahreszahl um ein Jahr verringern oder auch ganz weglassen.

Gehälter, die für ein und dieselbe berufliche Tätigkeit gezahlt werden, unterliegen einer gewissen Schwankungsbreite. Das Gehalt, das Sie in Ihrer neuen Position erzielen können, hängt davon ab, wie gut Sie es schaffen, Ihren Nutzen für die neue Firma zu verdeutlichen. Bei überzeugenden Kandidaten gibt es durchaus die Möglichkeit, das Grundgehalt durch Zulagen zu erhöhen. Dies können leistungsabhängige Prämien, ein Dienstwagen zur privaten Nutzung oder die Übernahme von Weiterbildungskosten sein.

Gehaltsvorstellungen im Anschreiben

In vielen Stellenausschreibungen steht am Ende: »Bewerben Sie sich bitte unter Angabe Ihrer Gehaltsvorstellung.« Dann müssen Sie auf diese Forderung in Ihrem Anschreiben eingehen. Fangen Sie Ihr Anschreiben aber nicht gleich mit Ihren Gehaltswünschen an. Ihr Qualifikationsprofil ist für die Einstellung wesentlich wichtiger als eine abstrakte Zahl. Zuerst muss im Anschreiben der Wert Ihrer beruflichen Qualifikationen deutlich werden. Erst danach sollten Sie die gewünschte Vergütung Ihrer Qualifikationen thematisieren. Nennen Sie Ihre Gehaltsvorstellung erst am Ende Ihres Anschreibens.

Geben Sie Ihre Gehaltsvorstellung konkret an, beispielsweise mit den folgenden Formulierungen: »Meine Gehaltsvorstellung beträgt 110.000,- Euro Brutto-Jahresgehalt.«, »Ich strebe ein Bruttogehalt von 110.000,- Euro pro Jahr an.« Sie können auch eine Unterleitung in feste und flexible Erfolgsanteile nennen: »Mein Gehaltswunsch liegt bei 190.000,- Euro Bruttogehalt pro Jahr (70 Prozent fix und 30 Prozent erfolgsabhängig).« Bedenken Sie bei der Angabe Ihrer Gehaltsvorstellung weiter, dass Sie einen kleinen Verhandlungsspielraum einplanen müssen, um der Firmenseite im Vorstellungsgespräch etwas entgegenzukommen.

Geben Sie nie Ihr letztes Jahresgehalt an. Es wird nicht klar, welche Gehaltssteigerung Sie erzielen wollen, wenn Sie so formulieren: »Mein Bruttogehalt betrug im letzten Jahr 81.000,- Euro.« Damit beantworten Sie nicht die Frage nach Ihrer Gehaltsvorstellung. Problematisch wäre dies auch deshalb, weil Sie in Ihrem derzeitigen Arbeitsvertrag sicherlich Stillschweigen über Ihr Gehalt vereinbart haben.

Wenn die Angabe Ihrer Gehaltsvorstellung nicht ausdrücklich gefordert wird, sollten Sie sich hierzu im schriftlichen Bewerbungsverfahren bedeckt halten. Vermitteln Sie Personalverantwortlichen und Personalberatern erst ein Bild Ihrer Kenntnisse und Fähigkeiten. Überzeugen Sie sie davon, dass Sie ein geeigneter Kandidat sind. Das Ziel Ihrer schriftlichen Bewerbung ist, dass Sie wegen Ihres interessanten Profils zu einem Vorstellungsgespräch eingeladen werden. Im Gespräch lässt sich ein Abgleich Ihrer Gehaltsvorstellungen mit den Vorstellungen der Unternehmensseite besser durchführen.

Checkliste: Gehaltsfrage

○ Haben Sie bei der Ermittlung Ihres momentanen Gehalts sämtliche geldwerten Vorteile miteinbezogen (Erfolgsprämien, Weihnachtsgeld, Urlaubsgeld, Firmenwagen, zusätzliche betriebliche Altersvorsorge, jährliches Weiterbildungsbudget, eventuell ausbezahlte Überstunden et cetera)?

○ Berücksichtigen Sie, ob durch den neuen Job höhere Kosten auf Sie zukommen (Miete, Umzug, Wegfall des Einkommens des Partners, Fahrtkosten)?

○ Haben Sie sich mit den üblicherweise in Ihrer Branche gezahlten Gehältern für die von Ihnen angestrebte Position vertraut gemacht?

○ Liegt Ihr Gehaltswunsch rund 20 Prozent über dem, was Sie nun verdienen (gilt nur für einen Karrieresprung)?

○ Haben Sie bedacht, auf keinen Fall Ihr derzeitiges Gehalt anzugeben?

○ Nennen Sie ein Brutto-Jahresgehalt bei der Angabe Ihrer Gehaltsvorstellungen?

○ Falls für Ihre Positionen üblich: Ist das Brutto-Jahresgehalt prozentual in Fixum und Erfolgsanteil aufgeteilt?

○ Haben Sie einen Verhandlungsspielraum angegeben, damit Sie bei einem eventuellen Vertragsabschluss dem neuen Arbeitgeber etwas entgegenkommen können?

○ Nennen Sie Ihren Gehaltswunsch nur, wenn dies ausdrücklich gewünscht ist?

○ Steht Ihr Gehaltswunsch am Ende des Anschreibens?

Bewerbungsfotos: Weiterhin gewünscht?

Seit dem Jahr 2006 gilt in Deutschland das Allgemeine Gleichbehandlungsgesetz (AGG), aus dem Unternehmen folgern, dass es verboten sein könnte, von Bewerbern Fotos zu verlangen. Weiterhin ist es aber erlaubt, Bewerbungsunterlagen freiwillig ein Foto beizulegen. Und dies sollten Sie unserer Meinung auch tun. Schließlich liefern Sie mit dem Foto einen ersten persönlichen Eindruck von sich und beantworten eine wichtige Fragen des Unternehmens: »Wie wird die Bewerberin beziehungsweise der Bewerber das Unternehmen repräsentieren?«

Mit dem Bewerbungsfoto liefern Sie einen ersten persönlichen Eindruck von sich. Mit diesem Foto zeigen Sie, wie Sie Ihre zukünftige Position sehen und wie Sie das Unternehmen nach außen darstellen wollen. Der Macht des ersten Eindrucks können sich auch Personalverantwortliche nicht entziehen. Sammeln Sie deshalb mit einem optimalen Bewerbungsfoto Sympathiepunkte.

Vermeiden Sie Spekulationen

Personalprofis sind darauf spezialisiert, einzelne Detailinformationen aus der Bewerbungsmappe so zusammenzufügen, dass ein positiver oder negativer Gesamteindruck des Bewerbers entsteht. Hierbei spielt das Bewerbungsfoto eine wichtige Rolle. Ist das Foto beispielsweise abgegriffen oder zerknickt, entstehen Spekulationen darüber, von wie vielen Unternehmen der Bewerber bereits abgelehnt worden ist. Auch auf eingescannte und direkt auf den Lebenslauf gedruckte Fotos sollten Führungskräfte bei einer Bewerbung per Post verzichten. Studenten wird vielleicht noch nachgesehen, dass sie Kosten sparen möchten. Zukünftige, gut bezahlte Repräsentanten des Hauses sollten aber nicht den Eindruck erwecken, dass sie ihre Bewerbung als kostengünstige Massendrucksache abwickeln möchten.

Häufiger Optimierungsbedarf

Aus unseren eigenen Erfahrungen in der Überprüfung und Optimierung von Bewerbungsunterlagen wissen wir, dass es mit dem Bewerbungsfoto häufig nicht zum Besten bestellt ist. Damit keine Missverständnisse aufkommen: Sie werden nicht eingestellt, nur weil Sie auf dem Foto überzeugend lächeln und richtig angezogen sind. Wichtig ist jedoch, dass Sie mit dem Bewerbungsfoto keine Fehler machen. Denn dann werden Sie aussortiert, bevor Sie eine Chance zur Darstellung Ihrer Fähigkeiten im Gespräch bekommen.

Damit Sie erkennen, was alles schiefgehen kann und wie gute Fotos aussehen sollten, werden wir nun sechs Bewerbungsfotos besprechen. Bei jedem Bewerber beziehungsweise jeder Bewerberin ist eine Aufnahme unpassend, während die andere zeigt, welchen Ansprüchen ein gutes Bewerbungsfoto genügen sollte.

Vom düsteren Pessimisten zum sympathischen Berater

Auf diesem Bewerbungsfoto sehen Sie Herrn Klaus-Peter Lorenz, der sich vom Wirtschaftsprüfer zum Abteilungsleiter Finance weiterentwickeln möchte. Dabei wird das von ihm dem schlechten Lebenslauf beigefügte Bewerbungsfoto ein Stolperstein sein. Das Foto hat mehrere Aspekte, die ungünstig sind: Sofort fällt der sehr düstere Hintergrund ins Auge. In Verbindung mit dem müden und abgekämpften Gesichtsausdruck kann man sich des Eindrucks nicht erwehren, dass Herr Lorenz den Zenit seiner Leistungsfähigkeit bereits überschritten hat. Der Blick zur Seite ist doppelt schädlich: Zum einen weicht der Bewerber dem Blick des Lesers aus, zum anderen schaut er von sich aus gesehen nach links und damit weg von den Angaben, die er im Lebenslauf gemacht hat. Es wirkt, als könne er sich nicht mit seiner bisherigen Entwicklung identifizieren, als starre er über den Seitenrand hinaus ins Leere.

Ganz anders das gelungene Bewerbungsfoto. Nicht nur der Hintergrund ist aufgehellt, sondern auch die Stimmung, die der Bewerber transportiert: Mit wachem Blick und einem angedeuteten, aber nicht übertriebenen Lächeln signalisiert Herr Lorenz Tatkraft. Der Betrachter wird direkt angesehen. Keine Spur mehr vom Burn-out-Syndrom des misslungenen Bewerbungsfotos. Besonders angenehm fällt hier die Strukturierung des Hintergrundes durch einen Lichtstrahl auf. Auch der Bildausschnitt ist anders gewählt, sodass der Oberkörper nicht mehr so massig wirkt wie auf dem schlechten Bild. An der Kleidung gab es wenig Verbesserungsbedarf: Hemd, Jackett und Krawatte sind für die Position angemessen. Auch kleine Schnitzer wie ein abstehender Hemdkragen oder eine schlecht gebundene Krawatte sind sorgfältig vermieden worden. Insgesamt vermittelt Herr Lorenz auf diesem Bild die für ältere Bewerber ganz wichtige sympathische und zupackende Ausstrahlung. Mit diesem Foto unterstützt er wirkungsvoll den gut gemachten Lebenslauf.

Von der verschlossenen Grüblerin zur kompetenten Führungskraft

Yvonne Böckler möchte gerne Leiterin im Marketing werden und hat sich sicherlich etwas bei der Anfertigung des Bewerbungsfotos gedacht. Positiv zu vermerken ist, dass es sich bei dem Foto um ein professionelles Studiofoto und nicht etwa um ein billiges Automatenfoto handelt. Leider sind Frau Böckler und der Fotograf der Versuchung erlegen, das Foto übertrieben künstlerisch gestalten zu wollen – die eingenommene Denkerpose vermittelt einen sehr zurückgenommenen Eindruck. Die Bewerberin wirkt in sich gekehrt, was für eine Führungsposition im Marketing kein günstiges Persönlichkeitsmerkmal ist. Hinzu kommt, dass sie den Betrachter von unten anschaut und damit unterwürfiger als nötig wirkt. Die weißen Fingerknöchel der stützenden Hand lassen vermuten, dass die Bewerberin unter Druck steht, was durch die zusammengekauerte Haltung noch unterstützt wird. Und auch wenn im Marketing sicherlich mehr Freiheit bei der Kleidungswahl möglich ist und es nicht immer das strenge Business-Kostüm sein muss: Auf diesem Foto hat Frau Böckler die Grenzen überschritten, mit der »Schlabberbluse« ist sie zu leger gekleidet. Alles in allem eher ein Foto für private Kontakte.

Das gelungene Bewerbungsfoto von Frau Böckler wird dem Erscheinungsbild einer souveränen Marketingleiterin gerecht. Die Bewerberin macht auf diesem Foto ihren Führungsanspruch geltend: Der offene und direkte Blick zum Betrachter vermittelt Durchsetzungsfähigkeit. Frau Böckler wirkt durchaus etwas streng, dies ist für eine Leitungsfunktion aber adäquat. Da Frauen in Führungspositionen immer noch größere Schwierigkeiten mit der Anerkennung haben als Männer, hat sich die Bewerberin entschlossen, Störsignale wie ein unsicheres Lächeln oder einen anbiedernden Ausdruck zu vermeiden. Der Bildausschnitt ist günstiger als der des schlechten Fotos: Frau Böckler wirkt auf dem Bild viel präsenter und nicht mehr so eingeengt wie vorher. Dazu trägt auch die bessere Ausleuchtung bei, die Frau Böckler plastischer abbildet. Die Kleidung ist besser auf die Position zugeschnitten, ohne ins zu strenge Business-Outfit abzurutschen. Ein Foto, auf dem die Bewerberin ihren individuellen Stil und ihre durchsetzungsfähige Persönlichkeit gelungen zum Ausdruck bringt!

Vom grimmigen Miesepeter zum kontaktstarken Teamplayer

Im Berufsalltag scheint für Tom Vandenhoeck nicht immer nur die Sonne zu scheinen. Er liefert ein sehr düsteres Bewerbungsfoto ab, auf dem nicht nur der Hintergrund viel zu dunkel ist, um das Gesicht richtig zur Geltung kommen zu lassen. Auch die Ausleuchtung ist so ungünstig, dass die linke Hälfte des Gesichtes im Schatten liegt. Ein Bewerber mit einer dunklen Seite? Die Intention für Herrn Vandenhoeck war es sicherlich, entschlossen zu wirken, um sich für die Wunschposition Projektmanager als dynamischer Macher zu empfehlen. Von der Wirkung her ist aber das Gegenteil eingetreten: Diesem Bewerber wird man nicht die nötige Integrationsfähigkeit zugestehen. Der auf der einen Seite über dem Jackett liegende Hemdkragen lässt Nachlässigkeit nicht nur in Kleidungsfragen vermuten. Dieses Foto ist sicherlich geeignet, um sich als Schauspieler für die Rolle des Bösewichts ins Gespräch zu bringen – für eine Bewerbung liefert das Foto aber zu viele Störimpulse, die den Personalverantwortlichen ins Grübeln bringen werden.

Dass Herr Vandenhoeck gar nicht so verbiestert ist, wie er auf dem schlechten Foto wirkt, beweist das gelungene Bewerbungsbild. Mit freundlichem Lächeln und in korrektem Business-Outfit kann der Bewerber überzeugen. Der Hintergrund ist diesmal hell genug gehalten, um den Bewerber in den Vordergrund treten zu lassen. Statt aggressiver Grundstimmung vermittelt Herr Vandenhoeck nun die für einen Projektmanager notwendige Dynamik. Diesem Bewerber traut man zu, die richtigen Impulse für die Geschäftsentwicklung zu setzen.

Checkliste: Bewerbungsfoto

○ Haben Sie hren Bewerbungsunterlagen ein aktuelles Foto beigelegt?

○ Ist Ihr Gesichtsausdruck auf dem Foto freundlich, aber nicht anbiedernd? Mimik und Gestik sollten glaubwürdig und nicht aufgesetzt wirken.

○ Sagen Ihre Freunde, Bekannte oder Lebenspartner, dass Sie auf dem Foto gut getroffen sind?

○ Haben Sie vermieden, dass sich womöglich aktuelle Krisen – Konflikte am Arbeitsplatz, Kündigung oder Arbeitslosigkeit – in Ihrem Gesicht widerspiegeln?

○ Haben Sie Ihr Aussehen und Ihren Ausdruck der angestrebten Position angepasst (dynamisch, souverän, verlässlich oder zielstrebig)?

○ Tragen Sie auf dem Foto Kleidung, die zur neuen Position passt?

○ Ist das Foto bei einem professionellen Fotografen aufgenommen worden? Er sorgt dafür, dass der Hintergrund hell genug und Ihr Gesicht gut ausgeleuchtet ist.

○ Bei Frauen: Tragen Sie nur dezentes Make-up und keinen zu auffälligen Schmuck?

○ Bei Männern: Ist auf dem Foto kein Bartschatten zu erkennen, dafür aber ein gepflegter Haarschnitt?

○ Haben Sie kein Passfoto anfertigen lassen, sondern ein Porträtfoto (größer als ein Passfoto, ein Teil der Schultern ist zu sehen)?

○ Halten Sie genügend Fotos bereit, damit Sie auf interessante Anzeigen schnell genug reagieren können?

Lebenslauf: Wie präsentieren Sie sich als Leistungsträger?

Die für die Wunschposition relevanten Informationen sollten den Entscheidern auf der Firmenseite oder externen Personalberatern beim Lesen des Lebenslaufes sofort ins Auge springen. Darüber hinaus sollte Ihre berufliche Entwicklung nachvollziehbar werden. Dass auch Lebensläufe an die jeweilige Stellenausschreibung angepasst werden können, ist der Mehrzahl der Bewerber unbekannt. Erfahren Sie, wie Sie hier entscheidende Pluspunkte sammeln können.

Tätigkeiten signalisieren Leistung

Für alle im Lebenslauf angegebenen Tätigkeiten müssen Sie zwar Beispiele aus Ihrer Berufstätigkeit nennen können. Sie sollten zwar keine Tätigkeitsbeschreibungen verwenden, die Sie in einem späteren Vorstellungsgespräch nicht mit Bezug auf Ihre beruflichen Erfahrungen belegen können. Dennoch müssen Sie sich bei der Ausarbeitung Ihres Lebenslaufes nicht unnötig beschränken. Wenn Sie eine Tätigkeit angeben, heißt dies nicht, dass Sie sie durchgehend im Tagesgeschäft ausgeübt haben. Sie können durchaus Tätigkeiten nennen, mit denen Sie in einem zeitlich begrenzten Projekt in Berührung gekommen sind. Es gilt die Regel: Wenn Sie für eine Tätigkeit ein Beispiel aus Ihrer Berufspraxis finden, dürfen Sie sie auch im Lebenslauf angeben.

Ein Bewerber, der sich von der Position des stellvertretenden Abteilungsleiters Einkauf auf die Stelle eines Abteilungsleiters Einkauf bewirbt, formuliert zu knapp und zu wenig aussagekräftig, wenn er nur die Firma und seine Position angibt:

03/2007 – heute	Import AG, Stellvertretender Abteilungsleiter Einkauf
01/2004 – 02/2007	Hans-Jörg Müller GmbH, Kaufmännischer Angestellter

Überzeugender klingt diese Beschreibung:

3/2007 – heute	Stellvertretender Abteilungsleiter, Abteilung Einkauf, Import AG, Bremen: – Leitung des Einkaufs für die Teilsortimente Textil und Hartwaren, Sortimentsanalyse und -planung für Niederlande, Österreich und Deutschland. – Projektgruppe Zentralisierung des europäischen Beschaffungsmanagements – verantwortlich für die Führung von zwölf Mitarbeitern
01/2004 – 02/2007	Kaufmännischer Angestellter, Vertriebsabteilung, Hans-Jörg Müller GmbH, Bielefeld: – Warenwirtschaft, Planung und Beschaffung, Kostenkontrolle Einkauf – Betreuung von Einkaufszentralen und Großhändlern

Stellen auch Sie Ihre derzeitigen und früheren Tätigkeiten im Block »Berufstätigkeit« so dar, dass Ihre berufliche Entwicklung an Ihren bisherigen Arbeitsplätzen deutlich wird. Nehmen Sie die Stellenanzeige der zu vergebenden Position zur Hand und überlegen Sie, welche Anforderungen Sie in welcher Tätigkeit bereits erfüllt haben. Formulieren Sie stichwortartig und greifen Sie dabei auf den Sprachgebrauch zurück, der in den Stellenausschreibungen verwandt wird.

Gestaltungsspielräume taktisch nutzen

Führungskräfte überzeugen mit ihrem Lebenslauf, wenn sie ihrem zukünftigen Arbeitgeber klarmachen, dass sie in ihrer jetzigen Position bereits im Wesentlichen die Tätigkeiten ausgeübt haben, die für die zu vergebende Position wichtig sind. Aus unserer Coachingspraxis heraus wissen wir, dass diese Aussage banal klingt, aber von Bewerbern nur schwer umgesetzt werden kann. Es geht nicht darum, dass Ihre täglichen Hauptaufgaben mit den Aufgaben in der neuen Stelle identisch sind. Gerade hier haben Sie einen Gestaltungsspielraum, weil Sie Tätigkeiten aufführen können, mit denen Sie beispielsweise im Rahmen von Kollegen- oder Urlaubsvertretungen oder in Projektaufgaben in Kontakt gekommen sind oder die Sie zu einem früheren Zeitpunkt intensiver ausgeübt haben. Fokussieren Sie also unbedingt auch im Lebenslauf die Tätigkeiten, die für die neuen Aufgaben wichtig sind.

Weiter gilt es Ihre bisherigen Beschäftigungsverhältnisse insgesamt angemessen zu gewichten. Da Führungskräfte sich im Lebenslauf üblicherweise rückwärts-chronologisch darstellen, beginnen Sie mit Ihrer derzeitigen Position und stellen dann dar, was Sie in den davorliegenden Positionen geleistet haben. Daher sollten die für die neue Stelle wichtigsten beruflichen Positionen, üblicherweise die letzten zwei bis drei, besonders ausführlich beschrieben werden. Weiter zurückliegende Positionen dürfen durchaus sehr knapp aufgelistet werden.

Weil Sie sich um Führungspositionen bewerben, sollten Sie im Lebenslauf ausgewählte Erfolge thematisieren. Dies hat zwei Vorteile: Zum einen können Sie die Erfolge thematisieren, die einen Bezug zum Anforderungsprofil der neuen Stelle haben. Und zum anderen verdeutlicht die Darstellung von konkreten Erfolgen Ihre ausgeprägte Leistungsorientierung.

Berufliche Erfolge können Sie im Lebenslauf direkt nach der Beschreibung Ihrer beruflichen Aufgaben in den jeweiligen Beschäftigungsverhältnissen aufführen, beispielsweise so: Erfolg »Vertriebsoptimierung«: Erstellung eines Verkaufshandbuchs nach Analyse der Kundenstrukturen, Einführung des Handbuchs durch Workshops. Oder: Erfolg »SAP CRM«: Implementierung von SAP CRM für Sales und Marketing

Im Lebenslauf dargestellter beruflicher Erfolg muss sich nicht immer in Zahlen ausdrücken lassen, allerdings lassen sich oft Beispiele finden, die mit Zahlen verknüpft werden können. Erfolg: »Restrukturierung«: Nach Restrukturierung Kosten im Warenwirtschaftssystem um 15 Prozent gesenkt. Oder: Erfolg: »Umsatzsteigerung«: Nach Relaunch der Produktpalette Umsatzsteigerung von über 20 Prozent

Vorsicht bei langen Beschäftigungsverhältnissen

Ein häufiger Bewerberfehler ist die mangelhafte Darstellung einer beruflichen Entwicklung, wenn ein längerer Zeitraum in ein und derselben Firma verbracht wurde. Wenn im Lebenslauf nur die aktuelle Position angegeben und nicht näher auf die Entwicklung in der Firma eingegangen wird, vermuten Personalverantwortliche einen jahrelangen Stillstand in der Entwicklung.

Eine Bewerberin hatte in ihrem Lebenslauf die folgende Angabe:

07/1999 – 12/2011	Autozulieferer GmbH, Assistentin im Vertrieb

Diese knappe Formulierung gab Anlass zu Spekulationen. Personalverantwortliche stellen sich dann die folgenden Fragen: Ist die Bewerberin zwölf Jahre auf ihrer Einstiegsposition als Vertriebsassistentin hängengeblieben? Hat man der Bewerberin gekündigt, weil man sie nicht in eine Position mit neu definierten Aufgaben einbinden kann? Hat man die Bewerberin von einer anderen Position entbunden und sie auf der Assistentinnenposition kaltgestellt, damit sie von sich aus kündigt? Die Chance, Missverständnisse auszuräumen, hätte diese Bewerberin erst im Vorstellungsgespräch. Dazu wird es wegen der Zweifel aber oft gar nicht erst kommen.

Wir halfen der Bewerberin, in ihrem Lebenslauf ihre Tätigkeit für die Firma Autozulieferer GmbH in einzelne Entwicklungsschritte zu untergliedern und jeden Schritt inhaltlich mit Tätigkeitsbeschreibungen zu füllen. Dadurch entdeckten wir auch, dass sich hinter der Berufsbezeichnung »Assistentin im Vertrieb« keine Vertriebsassistentin im Innendienst, sondern die Assistentin des Vertriebsleiters verbarg. Die überarbeitete Darstellung lautete:

07/1999 – 12/2011	Autozulieferer GmbH, Stuttgart, in diesen Positionen:
09/2006 – 12/2011	Assistentin des Vertriebsleiters, Aufgaben: Planung und Umsetzung internationaler Vertriebsaktivitäten, Aufbau und Betreuung internationaler Handelspartner, Organisation internationaler Verkaufsmessen und -events, internationale Wettbewerberanalysen

01/2002 – 08/2006 Account Managerin, Aufgaben: aktive Neukundengewinnung, zielgerichtete Entwicklung von Bestandskunden, selbstständige Umsetzung der Vertriebsstrategie, Mitwirkung bei der Angebotserstellung sowie bei größeren Ausschreibungen, Vertriebsreporting

07/1999 – 12/2001 Vertriebsassistentin, Aufgaben: Betreuung von Stammkunden, Anfragenbearbeitung und Erstellen von Teilekalkulationen mit der technischen Abteilung, Abwicklung von Kundenaufträgen, Markt- und Wettbewerberbeobachtung

Dieses Beispiel aus unserer Beratungspraxis zeigt: Bewerberinnen und Bewerber mit einer langen Verweildauer in einem einzigem Unternehmen haben neuen Arbeitgebern dennoch viel zu bieten. Es kommt aber auch hier auf die taktische Darstellung der beruflichen Qualifikationen an.

Hobbys?

Ihre Hobbys sind unserer Überzeugung nach nur dann für den Lebenslauf wichtig, wenn sie zur neuen beruflichen Tätigkeit passen. Wenn Sie zukünftig mit der Entwicklung von Textilmembranen für Outdoor-Kleidung zu tun haben, sollten Sie in Ihren Hobbys eine Begeisterung für Outdoor-Aktivitäten deutlich machen. Für die meisten Berufsfelder lässt sich jedoch kein Zusammenhang zwischen Hobbys und Berufstätigkeit herstellen. Dann können Sie eigentlich auf die Nennung von Hobbys verzichten. Wenn Sie in Ihrem Lebenslauf dennoch Hobbys aufführen möchten, sollten Sie prüfen, ob Personalverantwortliche aus den aufgeführten Hobbys Einschränkungen Ihrer beruflichen Leistungsfähigkeit herauslesen könnten. Hobbys wie Gleitschirmsegeln, Drachenfliegen oder Boxen sollten Sie wegen der vermuteten Verletzungsgefahr daher nicht angeben. Ohne Bedenken jedoch können Sie Hobbys aufführen, die zeigen, dass Sie sich in Ihrer Freizeit aktiv entspannen, um fit für Ihren Berufsalltag zu sein. Dazu gehören Schwimmen, Joggen, Yoga, Aerobic, Tanzen, Golf oder Fitness-Training.

Checkliste: Lebenslauf

○ Ist der erste Eindruck Ihres Lebenslaufs ansprechend?

○ Haben Sie Ihre Kontaktdaten vollständig aufgeführt (Name, Anschrift, Telefon, private E-Mail-Adresse, Handynummer)?

○ Haben Sie für Ihre Daten im Lebenslaufs Blöcke gebildet, beispielsweise diese sechs?
  – Persönliche Daten
  – Berufserfahrung
  – Studium/Ausbildung
  – Wehr-/Zivildienst, soziales Jahr, Au-pair-Jahr und Schule
  – Weiterbildung/Sonstiges

○ Zusatzqualifikationen (Fremdsprachen- und PC-Kenntnisse)

○ Sind Ihre persönlichen Daten vollständig (Geburtsdatum, Geburtsort, Familienstand (freiwillig), Kinder (freiwillig), Nationalität (freiwillig))?

○ Sind die einzelnen Stationen in den jeweiligen Blöcken rückwärts-chronologisch geordnet?

○ Haben Sie die Zeitangaben in Monat und Jahr aufgeführt?

○ Beschreiben Sie stichwortartig die Tätigkeiten, die Sie in den einzelnen beruflichen Stationen ausgeübt haben?

○ Haben Sie die für die neue Stelle wichtigsten beruflichen Positionen, üblicherweise die letzten zwei bis drei, besonders ausführlich beschrieben?

○ Haben Sie Gestaltungsspielräume bei der Angabe von Tätigkeiten genutzt?

○ Haben Sie wichtige berufliche Erfolge herausgestellt (Qualitätsverbesserungen, Ausweitung des Kundenstamms, Kostensenkungen, Verkaufserfolge)?

○ Werden gegebenenfalls Projekte oder Sonderaufgaben erwähnt?

○ Haben Sie längere Verweildauern in Firmen zeitlich unterteilt und dadurch Ihre unterschiedlichen Aufgabenbereiche herausgestellt?

○ Ist der Lebenslauf lückenlos (Fehlzeiten erklärt)?

○ Haben Sie Firmenbezeichnungen korrekt genannt (Firma mit richtiger Rechtsform, Ort, Abteilung, eventuell Branche)?

○ Haben Sie Weiterbildungsmaßnahmen aufgeführt, die für die neue Stelle relevant sind?

○ Sind Ihre Sprach- und PC-Kenntnisse vollständig aufgeführt und bewertet?

○ Ist der Lebenslauf von Ihnen unterschrieben worden, und haben Sie Erstellungsort und -datum angegeben?

○ Wenn Sie Ihren Lebenslauf als PDF mittels E-Mail versenden: Haben Sie Ihre Unterschrift vorab gescannt und die Grafik in den Lebenslauf eingefügt?

○ Wird beim Lesen deutlich, dass Ihr passgenau ausgearbeiteter Lebenslauf wie ein roter Faden auf die ausgeschriebene Position hinführt?

Leistungsbilanz statt Dritter Seite: Zusätzliche Argumente?

Bezüglich der Erstellung von Bewerbungsunterlagen ist manchmal die Rede von der Dritten Seite, allerdings nur aufseiten der Bewerber. Personalverantwortlichen ist die Dritte Seite als Bewerbungsinstrument eher suspekt. Warum sollte ein Bewerber erst auf dem dritten Blatt (nach dem Anschreiben und dem Lebenslauf) die Gründe liefern, die für seine Einstellung sprechen?

Die Idee der Dritten Seite hat ihren Ursprung im angloamerikanischen Raum. Dort sind argumentative Anschreiben, wie sie von der überwiegenden Mehrheit der deutschen Personalverantwortlichen verlangt werden, unbekannt. Stattdessen wird manchmal zusätzlich zum Lebenslauf mit Zeitangaben und Stationen (Chronological Resumee) eine stichwortartige Selbstbeschreibung erstellt, welche die unmittelbar im Berufsalltag einsetzbaren Kenntnisse und Fähigkeiten auflistet (Functional Resumee). Oder das Functional Resumee wird an den Anfang des chronologischen Lebenslaufes gestellt.

Damit wird Personalverantwortlichen die Arbeit erleichtert. Auf einen Blick können sie erkennen, über welche speziellen Branchenerfahrungen und Kenntnisse ein Bewerber verfügt. Wie im deutschen Anschreiben werden die Angaben im Functional Resumee auf die ausgeschriebene Stelle zugeschnitten und liefern dadurch ein aussagekräftiges Qualifikationsprofil.

Wann ist eine Leistungsbilanz sinnvoll?

Sinnvoll kann eine zusätzliche Seite, die an den Lebenslauf anschließt, dann sein, wenn sie einen zusätzlichen Informationswert hat. Beispielsweise, wenn ein Bewerber so viele Projekte und Sonderaufgaben bewältigt hat, dass ihre Auflistung den Lebenslauf sprengen würde. Diese Extraseite nennen wir Leistungsbilanz. Sie unterscheidet sich von der Dritten Seite dadurch, dass sie das Profil eines Bewerbers unterstützt und vorrangig die Berufspraxis thematisiert. Immer dann, wenn Sie sehr viele Aufgaben außerhalb Ihrer eigentlichen Tätigkeiten wahrgenommen haben oder Ihre Arbeit einen ausgeprägten Projektcharakter hatte, können Sie zum Instrument der Leistungsbilanz greifen.

Das stört an der Dritten Seite

Ganz anders sieht es bei der hierzulande propagierten Form der Dritten Seite aus. In der Regel steht nicht das konkrete Profil des Bewerbers im Vordergrund, sondern eine zumeist beliebige Auflistung von Persönlichkeitsmerkmalen und/oder Zitaten, die eine bevorzugte Lebensphilosophie ausdrücken sollen. Eine in dieser Form aufgemachte Dritte Seite steigert nicht den Bewerbungserfolg. Im Gegenteil: Da Bewerber, die eine solche Dritte Seite beilegen, zumeist der Meinung sind, sie bräuchten wenig Mühe auf ihr Anschreiben zu verwenden, erweisen sie sich einen Bärendienst.

Das Beispiel einer typischen Dritten Seite von Hans-Peter Makowski auf Seite 114 zeigt Ihnen, wie Sie nicht vorgehen sollten. Anhand der anschließend aufgeführten Leistungsbilanz können Sie dann nachvollziehen, wie es besser geht.

Hans-Peter Makowski – Westhang 245 – 70708 Karlsruhe

Mein Motto: »Weitsicht ist besser als Kurzsichtigkeit«

Als zukünftiger Manager bekenne ich mich zu der Herausforderung, in einer immer komplexer werdenden Welt zu den Strategien zu finden, die das ökonomisch Machbare mit Kreativität verbinden. Nur die Offenheit für Neues und das sichere Gespür für die Welt, in der man lebt, ermöglichen kontinuierliche Verbesserungen.

Mein Lebensweg führte mich von einfachen Anfängen hin zu immer größeren Aufgaben, die ich mit der mir eigenen Leistungsfähigkeit sicher bewältigen konnte. Rückschläge sind für mich immer der Anlass, über Neues nachzudenken und Wege zu beschreiten, die noch niemand vor mir ging. Ökonomische Zusammenhänge schnell zu erfassen und analytisch auszuwerten war stets die Richtschnur meines Führungshandelns. Meine persönliche Entwicklung sehe ich niemals als abgeschlossen an.

Eindringlich möchte ich Ihnen an dieser Stelle meine Mitarbeit ans Herz legen, die sich stets durch außergewöhnliche Teamfähigkeit, Kreativität, Kompromissbereitschaft, Einfühlungsvermögen und unternehmerisches Denken ausgezeichnet hat und auch weiterhin auszeichnen wird.

Karlsruhe, den 14. Dezember 2011

Kommentar
Dritte Seite

Fehler

Worthülsen und Allgemeinplätze

Wenn Sie die Formulierungen aus dem Negativbeispiel einmal in Ruhe auf sich wirken lassen, werden Sie schnell feststellen, dass der Text eher an einen Besinnungsaufsatz in der Schule erinnert. Das Profil des Bewerbers wird durch diese Form der Dritten Seite nicht deutlicher. Im Gegenteil, der Leser findet nur Worthülsen, Absichtserklärungen und Allgemeinplätze.

Fehler

Kontraproduktiver Humor

Das ins Zentrum der Dritten Seite gerückte Motto »Weitsicht ist besser als Kurzsichtigkeit« soll als Blickfang fungieren. Dies wird auch erreicht, aber leider mit negativen Folgen. Denn mit dem Motto wird keine Individualität ausgedrückt. Es zeigt vielmehr, dass der Bewerber sich lieber hinter Auszügen aus Zitatesammlungen versteckt, als sein individuelles Profil zu präsentieren. Auskünfte mit einem lustigen Spruch zu schmücken kann vielleicht bei Reden zu gesellschaftlichen Anlässen passend sein. Im Bewerbungsverfahren wirkt diese Humorigkeit kontraproduktiv. Es drängt sich der Eindruck auf, dass der Kandidat Schwierigkeiten damit hat, den für Entscheidungsvorlagen richtigen Sprachstil zu treffen.

Fehler

Zweifel wecken

Schlimm genug, dass die Dritte Seite keinen Informationsgehalt hat, der für eine Einstellungsentscheidung nützlich wäre. Einzelne Ausführungen des Bewerbers wenden sich sogar gegen ihn. Seine Formulierung »Rückschläge sind für mich immer Anlass, über Neues nachzudenken« lässt vermuten, dass er eine Arbeitsweise pflegt, die ihm immer wieder Rückschläge einbringt. Dies könnte daran liegen, dass er es liebt, »Wege zu beschreiten, die noch niemand vor mir ging«. Mit dieser Aussage weckt der Bewerber Zweifel an seiner Anpassungsfähigkeit an betriebliche Abläufe. Er scheint sich lieber als kreativer Paradiesvogel produzieren zu wollen.

Fehler

Keine Belege für Soft Skills

Aussagen über Soft Skills werden von Personalverantwortlichen nur dann als verwertbar angesehen, wenn sie in Praxisbeispiele eingebunden werden. Werden sie dagegen nur schlagwortartig aufgezählt, sind dies bloße Behauptungen, denen man anmerkt, dass sie vom Bewerber aus Gründen der »sozialen Erwünschtheit« angegeben wurden. Personalverantwortliche unterstellen dann, dass der Bewerber lediglich ein vom Unternehmen erwünschtes Soft-Skill-Profil ohne Rücksicht auf die eigene Persönlichkeit konstruiert, um in einem guten Licht dazustehen. Daher werden abstrakte Angaben von Soft Skills schlichtweg ignoriert. Bei dieser Dritten Seite lässt der Bewerber durchaus etwas von seiner Persönlichkeit durchblicken. Mit dem Satz »Eindringlich möchte ich Ihnen an dieser Stelle meine Mitarbeit ans Herz legen« weckt er Zweifel an seiner Kundenorientierung. Er scheint lieber zu Drückermethoden zu greifen, statt angemessene Überzeugungsarbeit zu leisten.

Fazit

Die Dritte Seite hat für Personalverantwortliche keinen Informationswert. Im Gegenteil, der Bewerber weckt sogar deutliche Zweifel an seiner Eignung. Daher wäre es besser gewesen, auf den »Besinnungsaufsatz« zu verzichten.

Hans-Peter Makowski – Westhang 245 – 70708 Karlsruhe

Leistungsbilanz

Branchenerfahrung
Zehn Jahre verantwortliche Tätigkeit bei international ausgerichteten Konsumgüterherstellern, Umsatzverantwortung 30 Millionen Euro, Führung von 18 Mitarbeitern

Arbeitsschwerpunkte
- Vertriebsleitung
- Key Account Management
- Business Development
- Trade Marketing
- Category Management

Besondere Erfolge
- Aufbau des Trade Marketing
- Etablierung des Category Management
- Aufbau von Online-Shop-Lösungen und Unternehmensmarktplätzen
- Unternehmensübergreifende Projektleitung ECR (Efficient Customer Response)
- Messeplanung und -durchführung für die Konsuma 2010 und 2012
- Außendienstvernetzung
- Relaunch der Marke PRO-FIX
- Internationale Produkteinführung von QuickSteP
- Aufbau einer CRM-Projektgruppe
- Kostensenkungsprogramm Verpackungsstandardisierung

Ich konnte bei allen von mir durchgeführten Projekten erhebliche Synergieeffekte zur Verbesserung der Kostenstruktur realisieren. Die von mir betreuten Projekte »Online-Shop-Lösungen« und »Relaunch PRO-FIX« führten zu Umsatzsteigerungen im zweistelligen Prozentbereich.

Karlsruhe, 14. Dezember 2011

H.-P. Makowski

Kommentar
Leistungsbilanz

Überzeugend

Überschrift

Personalverantwortliche sind durchaus bereit, zusätzlich zu Anschreiben und Lebenslauf eine weitere Seite in Augenschein zu nehmen. Allerdings muss diese Seite dann einen echten Informationsgewinn versprechen. Hier hat sich der Bewerber für die zusätzliche Seite »Leistungsbilanz« entschieden. Er hätte auch die Überschrift »Projekte und Erfolge«, »Mein Profil« oder »Berufliche Stärken« wählen können. Entscheidend ist, dass er sein Kernprofil komprimiert skizziert und dadurch klar herausstellt, welchen besonderen Erfahrungsschatz er für das neue Unternehmen nutzbar machen könnte.

Überzeugend

Besondere Erfolge

Der Bewerber ist an der Schnittstelle von Vertrieb und Marketing tätig. Gerade für diese Bewerbergruppe, deren Tätigkeit zumeist starken Projektcharakter hat, bietet sich eine Leistungsbilanz an. Nicht zuletzt deswegen, da dort auch immer wieder Aufbauarbeit geleistet wird. Wer sich das Etikett des Machers geben möchte, sollte auch auf die besonderen Erfolge seiner Arbeit hinweisen. Hier fällt im Block »Besondere Erfolge« ins Auge, dass der Bewerber stets neue Lösungen in seinem Arbeitsbereich entwickelt und umgesetzt hat, um die Geschäftsentwicklung voranzutreiben. Er hat sowohl das Trade Marketing als auch das Category Management in seinem Unternehmen eingeführt. Daneben hat er Online-Shops als zusätzliche Vertriebskanäle eingerichtet. Erfolgreiche Produkteinführungen und Relaunches kann er ebenso auf seiner Habenseite verbuchen wie verbesserte Kundenbindungsprogramme. Diese Leistungsbilanz überzeugt.

Überzeugend

Schlüsselbegriffe einsetzen

Um eine möglichst hohe Informationsdichte zu erreichen, verwendet der Bewerber Schlagworte und Schlüsselbegriffe aus dem Tagesgeschäft. Er vermeidet einen Besinnungsaufsatz und liefert stattdessen ein prägnantes Qualifikationsprofil. Beschäftigungszeiten und Arbeitgeber lässt er weg, um Wiederholungen aus dem Lebenslauf zu vermeiden und das Wesentliche klar herauszustellen. Mit den drei Blöcken »Branchenerfahrung«, »Arbeitsschwerpunkte« und »Besondere Erfolge« strukturiert er seine Informationen leserfreundlich. Gleich im ersten Block, der Branchenerfahrung, betont er auch seine bisherigen Führungsaufgaben. Beendet wird die Leistungsbilanz mit einer Quantifizierung seiner Geschäftserfolge.

Überzeugend

Passende Beispiele

Statt mit Leerfloskeln zu jonglieren, unter denen man sich alles oder nichts vorstellen kann, lässt der Bewerber in dieser Leistungsbilanz sein Potenzial an Soft Skills bei den bewältigten beruflichen Aufgaben durchblicken. Ein professioneller Leser in der Personalabteilung wird beispielsweise der erfolgreich bewältigten Messeplanung und -durchführung die Soft Skills »Organisationstalent«, »Kontaktstärke« und »Kundenorientierung« zuordnen. »Unternehmerisches Denken« und »Innovationsstärke« lassen sich aus der erfolgreichen Aufbauarbeit und den gelungenen Produkteinführungen herauslesen.

Fazit

Mit der Darstellung seiner Branchenerfahrung, seiner Arbeitsschwerpunkte und besonderen Erfolge verschafft sich der Bewerber Pluspunkte. Mit dieser Leistungsbilanz empfiehlt er sich als gefragter Macher, der die Dinge zum Laufen bringt.

Checkliste: Leistungsbilanz

○ Haben Sie so viel Projektarbeit durchgeführt und Sonderaufgaben bewältigt, dass die detaillierte Auflistung den Lebenslauf sprengen würde? Dann ist eine Leistungsbilanz die richtige Wahl für Sie.

○ Schildern Sie, welche besonderen Erfolge Sie in Ihrer täglichen Arbeit erzielt haben?

○ Versehen Sie die Projekte und Sonderaufgaben in der Leistungsbilanz mit einem schlagkräftigen Etikett?

○ Heben Sie hervor, welche Rolle Sie gespielt haben?

○ Verdeutlichen Sie, welche Ergebnisse die Projekte und Sonderaufgaben hatten (Kostensenkung, Qualitätsverbesserung, Restrukturierung, Umsatzsteigerung et cetera)?

○ Beschreiben Sie Ihre Führungsverantwortung detailliert (Anzahl der Mitarbeiter, Leitung internationaler Teams, Weisungsbefugnisse)?

○ Geben Sie an, wem gegenüber Sie Bericht erstattet haben (Vorstand, Geschäftsleitung, Bereichsleitung)?

○ Führen Sie Projekte auf, die Sie in Zusammenarbeit mit Unternehmensberatungen bewältigt haben (Umstrukturierungen, Rationalisierungsmaßnahmen, Ausweitung der Geschäftstätigkeit)?

○ Zählen Sie die Gelegenheiten auf, bei denen Sie das Unternehmen in der Öffentlichkeit vertreten haben?

○ Falls Sie die Aufgaben von Vorgesetzten mit erledigt haben, ohne offiziell zum Stellvertreter ernannt worden zu sein: Haben Sie dies in Ihrer Leistungsbilanz dargestellt?

○ Wenn Sie offiziell mit Aufgaben außerhalb Ihres Arbeitsbereiches betraut worden sind (Weisung, Besetzungssperre, Krankheit oder Urlaub von Kollegen): Haben Sie das erwähnt?

○ Haben Sie besondere Maßnahmen in der Mitarbeiterbetreuung initiiert (Coaching, Vertriebsschulung, Teambuilding)?

○ Sind alle aufgeführten Projekte und Sonderaufgaben hinsichtlich der ausgeschriebenen Stelle von Bedeutung?

○ Bringen die Angaben in der Leistungsbilanz dem Leser in der Personalabteilung wirklich einen Mehrwert gegenüber dem Lebenslauf? Nur dann ist eine zusätzliche Leistungsbilanz sinnvoll.

E-Mail-Bewerbung: Welche Besonderheiten sind zu beachten?

Zwar hat sich die Online-Bewerbung bei der Masse der Firmen als bevorzugte Bewerbungsart durchgesetzt, doch das Bewerbungsverfahren wird in jeder Firma anders gehandhabt. Auch im Internetzeitalter gibt es immer noch Firmen, die keine Online-Bewerbung wünschen, andere wiederum senden per Post eingesandte Bewerbungsunterlagen umgehend und unbearbeitet zurück. Große Firmen dagegen setzen bei der Bewerbung immer mehr auf Online-Formulare und wünschen keine E-Mail-Bewerbung mit Anschreiben, Lebenslauf und Zeugnissen als PDF-Anhang. In diesem Kapitel zeigen wir Ihnen, auf welche Besonderheiten Sie bei Ihrer Online-Bewerbung achten müssen.

Nicht immer führen Online-Bewerbungen zum Erfolg. In einigen Branchen und Firmen ist das Online-Bewerbungsverfahren inzwischen gang und gäbe, andere wünschen sich jedoch die Unterlagen nach wie vor per Post. Zwischen diesen beiden Polen liegen Firmen, die Online-Bewerbungen zwar akzeptieren, ihnen aber keinen besonderen Vorrang einräumen. Sie drucken die online übermittelte Bewerbung aus und bearbeiten sie weiter wie eine per Post zugesandte Bewerbungsmappe.

Sie müssen bei Ihrer Bewerbung wissen, welche Form der Bewerbung in den Firmen verlangt wird – sonst setzen Sie sich dem Risiko aus, dass Ihre Bewerbung einfach untergeht. Die Tatsache, dass eine Firma im Internet mit einer eigenen Homepage vertreten ist, bedeutet nicht automatisch, dass Online-Bewerbungen erwünscht sind. Woran Sie erkennen können, ob eine Firma Ihre Online-Bewerbung wünscht und wie umfangreich Sie sie ausgestalten sollten, werden wir Ihnen jetzt erläutern.

Bewerbung online oder per Post?

Ist in einer Stellenanzeige keine E-Mail-Adresse genannt, ist die Botschaft an Sie eindeutig: Online-Bewerbungen sind hier unerwünscht. Genauso eindeutig ist die Aufforderung »Bewerbungen bitte nur per E-Mail«. Dann können Sie Ihr Anschreiben, Ihren Lebenslauf und weitere Unterlagen, wie von uns empfohlen, als PDF-Anhang übermitteln. Viele kleinere und mittelständische Unternehmen überlassen die Entscheidung zwischen Post und E-Mail auch den Bewerbern. Dann werden Sie auf Formulierungen stoßen wie »Übersenden Sie Ihre Unterlagen bitte per Post oder per E-Mail an uns.« Die Mehrzahl der Bewerber entscheidet sich dann für E-Mail-Bewerbungen. Diese sind preislich günstiger, da keine Kosten für Bewerbungsmappen, Briefumschlag oder Porto anfallen; außerdem lassen sie sich schneller auf den Weg bringen. Sie müssen auch kein Bewerbungsfoto verschicken, sondern können es einfach einscannen.

Ein Sonderfall sind die Online-Formulare großer Konzerne. Für die Personalarbeit haben diese Formulare aus Sicht der Firmen den »Vorteil«, dass ungeeignete Bewerberinnen und Bewerber schneller »aussortiert« werden können. Mithilfe geeigneter Software lassen sich Bewerbungsformulare schnell und kostengünstig auswerten. Deshalb sollten Sie in diesem Fall nicht aus dem Stegreif reagieren. Wenn Sie hier nicht in der Masse untergehen wollen, müssen Sie auch mit Ihren Angaben in Bewerbungsformularen für Aufmerksamkeit sorgen.

Kurzbewerbung oder vollständige Unterlagen?

Auch bei der Online-Bewerbung haben Sie mehrere Möglichkeiten, was den Umfang Ihrer Unterlagen betrifft. Formen der Online-Bewerbung per E-Mail sind:

→ vollständige Online-Bewerbung mit Anschreiben, Lebenslauf und eingescannten Zeugnissen (eventuell gescanntes Foto, eventuell Leistungsbilanz);

→ Online-Kurzbewerbung mit Anschreiben, Lebenslauf (eventuell gescanntes Foto, eventuell Leistungsbilanz);

→ Online-Kurzbewerbung nur mit Lebenslauf (eventuell gescanntes Foto) und mit knapper Begleit-Mail.

Natürlich müssen Sie stets vorrangig die Firmenswünsche berücksichtigen. Gestalten Sie Ihre Online-Bewerbung per E-Mail so, wie es die Firmen auf Ihren Firmen-Homepages oder in den Jobbörsen vorgeben. Ist die Rede von »vollständigen«, »aussagekräftigen« oder »aussagefähigen« Unterlagen, die per E-Mail übermittelt werden sollen, wünscht sich die Firmenseite zusätzlich zu Anschreiben und Lebenslauf auch Scans von Arbeitszeugnissen, Ausbildungszeugnissen und Zertifikaten über Fort- und Weiterbildungen. Wird dagegen eine »Kurzbewerbung« per E-Mail angefordert, würden wir Ihnen raten, nur Anschreiben und Lebenslauf (eventuell mit eingescanntem Foto) auf den Weg zu bringen. Haben Sie sich für eine Leistungsbilanz entschieden, beispielsweise, weil Sie viel Projektarbeit durchgeführt haben oder Ihr Profil noch einmal überblicksartig zusammenfassen möchten, empfehlen wir, Ihrer Online-Kurzbewerbung auch diese Leistungsbilanz beizufügen. Gelegentlich wünschen Firmen eine Online-Kurzbewerbung, der kein Anschreiben, sondern nur ein Lebenslauf angehängt ist. Dies kommt in gewerblichen Berufen vor, aber auch dann, wenn die Firmenseite erst in einem zweiten Schritt von ausgewählten Bewerbern vollständige Unterlagen anfordert. Auch diesen Wunsch der Firmenseite sollten Sie dann natürlich ernst nehmen.

E-Mail-Bewerbung mit Anhang

Vorsicht mit Ihrem elektronischen Absender: Ihre Firmen-E-Mail-Adresse sollten Sie auf gar keinen Fall verwenden. Benutzen Sie immer Ihre private E-Mail-Adresse. Es kann sich lohnen, für die Bewerbung eine zweite private E-Mail-Adresse einzurichten, besonders dann, wenn Ihre bisherige nicht konservativ genug ist. Ihre E-Mail-Adresse bei Bewerbungen sollte einer für Geschäftsbeziehungen üblichen Form entsprechen. Der Bewerber Helmut Schnell könnte die Adresse helmutschnell@t-online.de oder hschnell@t-online.de verwenden.

Auf ausgefallene und unkonventionelle E-Mail-Adressen, wie beispielsweise badgirl@web.de, spaceboy@aol.de oder topseller@gmx.de, sollten Sie verzichten. Personalverantwortliche nehmen Sie sonst schon beim Öffnen Ihrer E-Mail nicht ernst, der wichtige erste Eindruck ist damit schnell verspielt.

Füllen Sie immer die Betreffzeile aus, und machen Sie auf den ersten Blick ersichtlich, dass es sich um eine Bewerbung handelt, indem Sie beispielsweise »Bewerbung als Leiter Finanzen« oder »Ihre Stellenausschreibung Personalleiter« in den Betreff schreiben. E-Mails ohne klare Betreffzeile erschweren dem Empfänger die schnelle Einordnung.

Wie wir bereits häufiger ausgeführt haben, ist es eine gute und sichere Möglichkeit, die Bewerbungsanhänge im Portable Document Format (Dateiendung ».pdf«) zu versenden, da diese Anhänge in der Formatierung wiedergegeben werden, in der Sie sie erstellt haben. Ein entsprechender Reader (Adobe Acrobat Reader) ist eigentlich in allen Firmen vorhanden. Im Internet finden Sie Freeware, also kostenlose Programme, die Ihnen die Erstellung von PDF-Dateien ermöglichen (beispielsweise auf der Seite der Computerzeitschrift www.chip.de mit dem Suchwort »pdfcreator« oder unter www.freeware.de).

Den Versand von Word-Dateien mit der Kennung ».doc« oder ».docx« sehen viele Firmen kritisch, seit diese als berüchtigte Virenträger verschrien sind. Abgesehen von der Angst vor Viren können aber auch in der Formatierung Probleme auftreten. Bei unterschiedlichen Grundeinstellungen bei Absender und Empfänger können Zeilen und Seitenumbrüche verändert dargestellt werden.

Überfordern Sie die Firmenseite nicht, indem Sie viele verschiedene Dateianhänge mixen. Idealerweise fassen Sie Anschreiben und Lebenslauf (eventuell mit Deckblatt, Foto und/oder Leistungsbilanz) in einer PDF-Datei zusammen, die Sie auch mit dem Dateinamen »Anschreiben und Lebenslauf« oder »Fabian Müller Anschreiben und Lebenslauf« versehen sollten. Ein zweites PDF bilden Scans von Arbeits- und Ausbildungszeugnissen sowie von Weiterbildungszertifikaten, die die Bezeichnung »Zeugnisse« oder »Fabian Müller Zeugnisse« bekommen könnte.

Datenmengen, die von den Firmen akzeptiert werden, sind in den letzten Jahren gestiegen. Sprach man früher von maximal einem Megabyte, liegt die Grenze heute bei zwei bis drei Megabyte.

Führen Sie einen Testlauf durch, um technische Probleme auszuschließen, und übersenden Sie Ihre Bewerbungsunterlagen vorab an einen Freund oder Bekannten: Ist die Zeit des Hochladens auf der Empfängerseite akzeptabel? Sind die Auflösungen der Scans gut genug? Und lassen sich alle Anhänge problemlos öffnen? Erst wenn sich all diese Fragen mit »Ja« beantworten lassen, sollten Sie Ihre E-Mail-Bewerbung auf den Weg bringen.

Checkliste: E-Mail-Bewerbung

○ Konnten Sie vorab klären, in welcher Form Ihre Wunschfirma Ihre Unterlagen erhalten möchte (vollständige Unterlagen per Mail oder nur Anschreiben und Lebenslauf als Kurzbewerbung)?

○ Verwenden Sie eine private und seriöse E-Mail-Adresse?

○ Vermerken Sie in der Betreffzeile Ihrer E-Mail, dass es sich um eine Bewerbung handelt, und nennen Sie die anvisierte Position?

○ Versenden Sie Anschreiben und Lebenslauf im PDF-Format (es sei denn, die Firma wünscht ausdrücklich andere Dateiformate)?

○ Haben Sie zwei Dateianhänge (einen für Anschreiben und Lebenslauf, einen zweiten für Zeugnisse) erstellt?

○ Verwenden Sie für Ihre Anhänge aussagekräftige Dateinamen, damit sie Ihrer Bewerbung eindeutig zugeordnet werden können?

○ Erstellen Sie Ihre Bewerbungsunterlagen genauso sorgfältig, wie Sie es für eine Bewerbung per Post getan hätten?

○ Haben Sie Anschreiben und Lebenslauf vor dem E-Mail-Versand ausgedruckt und auf Rechtschreibfehler überprüft – oder noch besser überprüfen lassen?

○ Haben Sie Ihre Unterschrift eingescannt und in Ihr Anschreiben und Ihren Lebenslauf eingefügt, bevor sie diese in ein PDF umwandeln, damit Ihre digitale Bewerbung persönlicher wirkt?

Online-Lebenslauf: Bewerbungsformulare im Internet nutzen?

Online-Bewerbungsformulare dienen Unternehmen dazu, Informationen über Bewerber zu standardisieren und damit besser auswerten zu können. Für Bewerber sind sie eine Möglichkeit, Stellengesuche ins Internet zu stellen. Auch in diesen Formularen müssen Sie die für Unternehmen interessanten Schlüsselworte unterbringen. Nutzen Sie immer die Möglichkeiten für freie Angaben, um Ihr individuelles Profil deutlich zu machen.

Bewerbungsformulare sind standardisierte Fragebögen, die den Unternehmen zur Vorselektion der Bewerber dienen. Dazu wurden Masken erstellt, die eine Speicherung der Angaben in Datenbanken ermöglichen. Diese Datenbanken können dann von der Personalverantwortlichen mit definierten Suchbegriffen ausgewertet werden.

Bewerbungsformular als Online-Bewerbung

Bewerbungsformulare zur Online-Bewerbung begegnen Ihnen normalerweise auf den Homepages der Unternehmen. Der Internetauftritt größerer Unternehmen enthält zumeist das Special »Jobs und Karriere«. Nachdem Sie die dort aufgelisteten Jobangebote gesichtet haben, können Sie über einen Button mit dem Unternehmen in Kontakt treten. Klicken Sie den Button an, öffnet sich ein Bewerbungsformular. Auch Stellenausschreibungen in den Jobbörsen sind häufig mit einem Button versehen, der Sie zu einem Bewerbungsformular weiterleitet.

Dies bedeutet nicht in jedem Fall, dass Sie sich ausschließlich mit dem Bewerbungsformular bewerben müssen. Oft bieten Ihnen die Firmen mehrere Bewerbungswege an.

Wenn Sie die Wahl haben, statt eines Bewerbungsformulars eine E-Mail-Bewerbung mit Dateianhängen für Anschreiben, Lebenslauf und weitere Zeugnisse zu versenden, so sollten Sie sich für diese Möglichkeit entscheiden. Ziehen Sie immer diejenige Bewerbungsform vor, die Ihnen den größten Freiraum für eine individuelle Selbstdarstellung bietet.

Manchmal kommen Sie nicht an einem Bewerbungsformular vorbei. Hier sollten Sie nicht den Schnellschuss abgeben und das Bewerbungsformular sofort online ausfüllen. Vielleicht können Sie es speichern oder ausdrucken und sich erst einmal in aller Ruhe mit den Anforderungen beschäftigen und sich genau überlegen, wie Sie Ihr Profil am besten darstellen. Auch in Standardformularen sind durchaus Freiräume für eine individuelle Selbstdarstellung vorhanden. Damit Sie diese Möglichkeiten nutzen können, stellen wir Ihnen jetzt die Besonderheiten vor, die beim Ausfüllen von Bewerbungsformularen zu beachten sind.

Die Tücken der Formulare

Beim Einsatz von Bewerbungsformularen wird die Forderung nach Prägnanz und Informationsdichte auf die Spitze getrieben. Der Platz für freie Angaben ist sehr begrenzt, Sie werden nur dann einen Schritt weiterkommen, wenn Sie diese eingeschränkten Möglichkeiten optimal nutzen. Dies gelingt Ihnen, indem Sie gezielt Schlüsselworte einsetzen, die einen klaren Bezug zu den Firmenwünschen haben und Ihr berufliches Profil verdeutlichen.

Gibt eine Online-Bewerberin in der Rubrik »Letzte Tätigkeit« in einem Bewerbungsformular nur ihre Berufsbezeichnung »Referentin Marketing & Communications« an, bringt sie sich um die Möglichkeit, die Besonderheiten ihrer Qualifikation herauszustellen. Mithilfe von Schlüsselworten wird das Profil der Bewerberin deutlich, beispielsweise so: »Referentin Marketing & Communications, Tätigkeiten: Erarbeitung von Marketingstrategien, Betreuung aller Marketingaktivitäten, Organisation der Pressearbeit, Veranstaltungsorganisation, Etablierung eines Community Services«.

Wenn Sie die bisher von Ihnen ausgeübten Tätigkeiten in Bewerbungsformularen angeben, sollten Sie sich an die Empfehlungen halten, die wir Ihnen schon für die Ausarbeitung Ihres Lebenslaufes gegeben haben: Formulieren Sie stichwortartig, geben Sie zu jeder Position die Tätigkeiten an, die Sie ausgeübt haben, und stellen Sie diejenigen Aufgaben heraus, die eine Nähe zur ausgeschriebenen Stelle haben.

Besonders schwer tun sich viele Bewerber mit den Freiräumen, die ihnen in Bewerbungsformularen in der Rubrik »Sonstiges«, »Bemerkungen« oder »Zusatzinformationen« eingeräumt werden. Entweder bleiben diese Felder leer, oder es tauchen die üblichen Leerfloskeln zu persönlichen Fähigkeiten auf. Diese Freiräume sollten Sie dazu nutzen, sich positiv in Szene zu setzen.

Die folgende Formulierung ist als Zusatzinformation im Online-Bewerbungsformular für die Position »Produktmanager« nichtssagend und sollte deshalb unterbleiben: »Einsatzfreude und Belastbarkeit sind wichtige Aspekte meiner Persönlichkeit«. Überzeugender klingt eine Zusatzinformation, die besondere berufliche Aufgaben in den Vordergrund stellt: »Teilnahme am Projekt kundenorientiertes Qualitätsmanagement. Erarbeitung von Qualitätsstandards. Zusammenarbeit mit F&E, Konstruktion, Produktion und Service«.

Bewerbungsformular als Stellengesuch

Viele Jobbörsen bieten Ihnen die Möglichkeit, kostenlos ein Stellengesuch aufzugeben, das in eine Datenbank aufgenommen wird. Diese Datenbank können Unternehmen abfragen. Hat man Interesse an Ihnen, wird man sich bei Ihnen melden. Die Wunschvorstellung, aus mehreren Angeboten auswählen zu können und auf diese Weise die Rollen im Bewerbungsverfahren einmal zu vertauschen, ist für Arbeitssuchende natürlich reizvoll.

Für manche Personalverantwortliche ist die Vorstellung aber immer noch befremdlich, selbst auf die Suche zu gehen. Dies hat mehrere Gründe. Die Unternehmen müssen in der Regel dafür bezahlen, in Bewerberdatenbanken suchen zu dürfen. Um sich einen Überblick zu verschaffen, müssen sie natürlich in den Datenbanken unterschiedlicher Anbieter recherchieren. Die aktive Bewerberansprache kommt zu den üblichen Personalrekrutierungsmaßnahmen hinzu und ist eine zusätzliche Arbeitsbelastung. Diese Mehrarbeit nehmen Personalexperten nur für bestimmte, besonders gefragte Bewerberzielgruppen in Kauf.

Ob Sie in einem Stellengesuch genügend Informationen über sich vermitteln können und ob es Ihnen überhaupt möglich ist, ein individuelles Profil deutlich zu machen, hängt von den Bewerbungsformularen ab, die Ihnen für die Aufgabe eines Stellengesuches vorgegeben werden. In manchen Jobbörsen finden Sie als Formular nur Listen, aus denen Sie vorgegebene Stichworte auswählen dürfen. In anderen Jobbörsen finden Sie Formulare, in denen Sie Ihre beruflichen Erfahrungen, Ihre Berufsausbildung und speziellen Kenntnisse in Freitextfeldern umfassender beschreiben können. Manchmal ist es sogar möglich, einen eigenen Lebenslauf zu verfassen und ein kurzes Anschreiben mitzuliefern und diese Zusatzinformationen hochzuladen.

Knüpfen Sie beim Ausfüllen von Stellengesuchen an die Hinweise an, die wir Ihnen für Bewerbungsformulare auf den Homepages der Firmen gegeben haben. Arbeiten Sie mit aussagekräftigen Schlüsselworten, die Ihr Profil deutlich werden lassen. Nutzen Sie Freitextfelder, um stichwortartig Ihre Qualifikationen aufzuzählen.

Bewerbungsformulare richtig ausfüllen

Damit Sie sehen, welche Fehler Bewerbern beim Ausfüllen von Bewerbungsformularen unterlaufen können, stellen wir Ihnen nun ein Negativbeispiel vor. Nach unserer Kommentierung der Fehler zeigen wir Ihnen anhand eines Positivbeispiels, wie es der Bewerber hätte besser machen können. Beide Versionen beziehen sich auf eine Stellenausschreibung, in der ein Regionalleiter Vertrieb in der Dentalbranche gesucht wird.

Bewerbungsformular Regionalleiter Vertrieb in der Dentalbranche

Anrede:	● Herr ○ Frau
Vorname:	Robert
Name:	Galenus
Geburtsdatum:	09.11.1973
Straße:	Gänseweg 14
PLZ:	44555
Wohnort:	Mönchengladbach
Telefon:	(02 11) 4 44 56 – 12
E-Mail:	galenus.vertrieb@Sales-AG.de
Ausbildung/Abschlüsse:	Ausbildung zum Kaufmann im Groß- und Außenhandel, Wirtschaftsstudium an der Fachhochschule
Letzte Tätigkeit (Kurzdarstellung):	Fachberater im Vertrieb
Frühestes Eintrittsdatum:	sofort
Gewünschter Einsatzort:	Mönchengladbach und nähere Umgebung
Besondere Kenntnisse:	Teamfähigkeit, Motivation
Bemerkungen:	Wünsche mir mehr Eigenverantwortung bei der Arbeit

Kommentar
Fehlerhaft ausgefülltes Bewerbungsformular

Fehler

Illoyalität

Diese Online-Bewerbung lässt Ernsthaftigkeit und Aussagekraft vermissen. Mit der Angabe seiner Telefonnummer am Arbeitsplatz (Firmendurchwahl!) und der E-Mail-Adresse der Firma signalisiert Robert Galenus, dass er berufliche Aufgaben und Bewerbungsaktivitäten nicht sauber trennt, sondern seine Zeit am Arbeitsplatz mit Recherchen zu potenziellen neuen Arbeitsplätzen verbringt – damit empfiehlt er sich nicht für einen neuen Arbeitgeber. Er muss sich zudem den Vorwurf gefallen lassen, seinem Arbeitgeber gegenüber nicht loyal zu sein.

Fehler

Nichtssagend

Die inhaltlichen Angaben in den Blöcken »Ausbildung/Abschlüsse«, »Letzte Tätigkeit«, »Frühestes Eintrittsdatum«, »Besondere Kenntnisse« und »Bemerkungen« unterstützen die Einschätzung, dass es sich nicht um eine ernsthafte Bewerbung handelt. Der zur Verfügung gestellte Platz wird nicht annähernd genutzt. Obwohl die Angabe von Abschlüssen ausdrücklich gefordert ist, gibt Robert Galenus keinen Ausbildungsabschluss an, ebenso fehlt der Studienabschluss. In der Rubrik »Letzte Tätigkeit« wird nur die Position angegeben. Obwohl Platz für eine Kurzdarstellung wäre, fehlen nähere Informationen zu den ausgeübten Tätigkeiten.

Fehler

Platz für Spekulationen

Die Angabe »sofort« als frühestes Eintrittsdatum legt die Vermutung nahe, dass er an seinem Arbeitsplatz bereits »kaltgestellt« ist. Eine Kündigung wäre auch eine Erklärung dafür, dass er am Arbeitsplatz Bewerbungsaktivitäten nachgeht. Hier stellt sich die Frage, warum es zur Kündigung gekommen ist, und Skepsis drängt sich auf.

Fehler

Kein berufliches Profil

Die Angaben in der Rubrik »Besondere Kenntnisse« sind nicht aussagekräftig. Automatische Suchroutinen werden über die Angaben hinweglaufen und keine besonderen Kenntnisse melden. Bei der persönlichen Durchsicht des Bewerbungsformulars wird dem Bewerber angekreidet werden, dass er fachliche Kenntnisse mit persönlichen Fähigkeiten verwechselt. Gefragt ist in dieser Rubrik die Angabe fachlicher Qualifikationen. Ein individuelles Profil wird jedoch nicht deutlich. Im Gegenteil: Robert Galenus bewirbt sich ohne berufliches Profil.

Fehler

Fehlende Schlüsselworte

Auch in der Rubrik »Bemerkungen« wäre Platz für eine individuelle und aussagekräftige Selbstdarstellung mit geeigneten Schlüsselworten gewesen. Der Bewerber verspielt auch diese Chance. Sein Wunsch nach mehr Eigenverantwortung drückt eher aus, dass er bisher noch nicht eigenverantwortlich gearbeitet hat.

Fazit

Dieser Bewerber hat sich mit der oberflächlichen Art, mit der er dieses Bewerbungsformular ausgefüllt hat, keinen Gefallen getan. Mit einer weiteren Prüfung seiner Unterlagen kann er nicht rechnen.

Bewerbungsformular Technischer Verkaufsberater in der Dentalbranche

Anrede:	● Herr ○ Frau
Vorname:	Robert
Name:	Galenus
Geburtsdatum:	09.11.1973
Straße:	Gänseweg 14
PLZ:	44555
Wohnort:	Mönchengladbach
Telefon:	(02 01) 1 23 45 67
E-Mail:	robertgalenus@gmx.de
Ausbildung/Abschlüsse:	Ausbildung zum Kaufmann im Groß- und Außenhandel bei einem Werkzeugmaschinenhersteller, Abschluss Kaufmann im Groß- und Außenhandel BWL-Studium an der FH Düsseldorf, Abschluss Diplom-Betriebswirt
Letzte Tätigkeit (Kurzdarstellung):	Dentaldepot GmbH, Vertriebsabteilung, Fachberater Tätigkeiten: Neukundenakquisition, Auftragsbearbeitung, Projektverfolgung, Warendisposition, Durchführung von Direkt-Mailing-Aktionen, Unterstützung des Außendienstes, Erstellung von Produktpräsentationen, telefonische Kundenberatung
Frühestes Eintrittsdatum:	01.10.2012 (übliche Kündigungsfrist)
Gewünschter Einsatzort:	nach Absprache
Besondere Kenntnisse:	Absatz- und Verkaufsförderung, Direktmarketing, Zusammenarbeit mit Speditionen, Sicherstellung der Liefertermine und der gelieferten Qualität, Organisation von Veranstaltungen zur Kundenbindung, MS-Office (Word, Excel, Access, PowerPoint), gutes Englisch
Bemerkungen:	Erfahrungen in der Dentalbranche, sichere Zielgruppenansprache, ständige Weiterbildung im Produktbereich

Kommentar
Überzeugend ausgefülltes Bewerbungsformular

Überzeugend

Schlüsselworte

Die Möglichkeiten, die sich auch beim Ausfüllen von Bewerbungsformularen bieten, hat der Bewerber in diesem Beispiel besser genutzt. Robert Galenus hat in dieser Version mit aussagekräftigen Schlüsselworten gearbeitet, den Platz im Block »Letzte Tätigkeit« optimal ausgenutzt.

Überzeugend

Kostbare Zusatzinformationen

Auch seine besonderen Kenntnisse sind nun wirklich als solche zu bezeichnen – anstatt mit Leerfloskeln um sich zu werfen, nennt er nun konkrete Beispiele, die seine Soft Skills und seine Qualifikationen belegen. Sämtlichen Spekulationen, die im Negativbeispiel noch möglich waren, wurde hier der Nährboden entzogen – die Angabe der privaten E-Mail-Adresse und der üblichen Kündigungsfrist sind Indizien für die Ernsthaftigkeit und die Loyalität des Bewerbers.

Überzeugend

Individuelles Profil

Durch die Aufzählung der von ihm bewältigten beruflichen Aufgaben wird sein individuelles Profil für Personalverantwortliche deutlich. Die Freiräume, die das Bewerbungsformular bietet, hat der Bewerber konsequent genutzt – auch im Block »Bemerkungen« stehen nun weitere Schlüsselworte, die seine Professionalität untermauern.

Fazit

Diese Bewerbung erscheint gut vorbereitet und bietet die nötige Informationsdichte. Sie wird sowohl einer automatischen Auswertung als auch einer Begutachtung durch Personalverantwortliche standhalten.

Checkliste: Online-Formulare

○ Haben Sie das Online-Formular gespeichert oder ausgedruckt, um es gründlich offline auszuwerten?

○ Umreißen Sie Ihre beruflichen Tätigkeiten im Formular stichwortartig?

○ Stellen Sie dabei diejenigen Tätigkeiten in den Vordergrund, die eine Nähe zur ausgeschriebenen Stelle haben?

○ Nutzen Sie die Rubriken »Sonstiges«, »Bemerkungen« oder »Zusatzinformationen«, um Ihr Qualifikationsprofil mit Beschreibungen besonderer beruflicher Aufgaben zu untermauern?

○ Nutzen Sie auch die Möglichkeit, bei Jobbörsen ein Stellengesuch aufzugeben?

○ Verdichten Sie Ihr Profil in Ihrem Stellengesuch mit aussagekräftigen Schlagworten?

○ Haben Sie, falls möglich, Anschreiben und Lebenslauf hochgeladen?

Vollständigkeit: Was gehört in die Bewerbungsunterlagen?

Grundsätzlich gehören zu einer vollständigen Bewerbungsmappe das Anschreiben, der Lebenslauf, das Bewerbungsfoto (kein Muss, AGG) sowie Kopien von Arbeitszeugnissen und des berufsqualifizierenden Abschlusses. Hinzu kommen eventuell Kopien von Fortbildungsabschlüssen, Weiterbildungsbestätigungen und sonstigen Zertifikaten. Achten Sie auf Kopien in guter Qualität und legen Sie das Anschreiben lose obenauf in die Mappe.

Alle Ihre beruflichen Stationen sollten Sie mit einem Arbeitszeugnis belegen. Denn fehlt ein Arbeitszeugnis, wird schnell vermutet, dass die Bewertung Ihrer Arbeitsleistungen nicht so überzeugend ist. Hier gibt es nur eine Ausnahme: Für Ihre aktuelle Tätigkeit müssen Sie nicht zwingend ein Zwischenzeugnis beilegen. Personalprofis haben in der Regel Verständnis dafür, dass Sie am derzeitigen Arbeitsplatz keine Unruhe durch die Bitte um Anfertigung eines Zwischenzeugnisses entstehen lassen wollen.

Ihre Unterlagen sollten Sie so einsortieren: Fangen Sie hinter dem Lebenslauf mit den aktuellen Belegen an und gehen Sie dann zeitlich zurück. Es gilt das jeweilige Ausstellungsdatum des Schriftstückes. Eine Wahlmöglichkeit haben Sie bei Weiterbildungen: Sie können die Nachweise zeitlich einordnen oder zusammengefasst ganz nach unten in die Mappe legen.

Die klassische Zusammenstellung

Hier sehen Sie, in welcher Reihenfolge Sie Ihre Unterlagen einsortieren können. Auf das einseitige Anschreiben folgt der zwei- oder dreiseitige tätigkeitsbezogene Lebenslauf. Die weiteren Unterlagen beginnen üblicherweise mit dem Arbeitszeugnis Ihres vorherigen Arbeitgebers oder wenn vorhanden mit einem Zwischenzeugnis des momentanen Arbeitgebers. Danach folgen Kopien früherer Arbeitszeugnisse, des berufsqualifizierenden Abschlusses sowie abschließend von Weiterbildungszertifikaten.

| Anschreiben | Lebenslauf mit Foto Seite 1 | Lebenslauf Seite 2 | eventuell Zwischenzeugnis | Arbeitszeugnis des vorherigen Arbeitgebers | Arbeitszeugnis des vorvorherigen Arbeitgebers |
| Ausbildungs- abschluss oder Studienabschluss | Weiterbildungs- zertifikat 1 | Weiterbildungs- zertifikat 2 | Weiterbildungs- zertifikat 3 | Weiterbildungs- zertifikat 4 | |

Die klassische Zusammenstellung mit Leistungsbilanz

Wenn Sie Ihrer Bewerbungsmappe als zusätzliches drittes Element eine Leistungsbilanz beifügen möchten, können Sie sich an dieser Abbildung orientieren. Dann folgt im Anschluss an den Lebenslauf eine Leistungsbilanz, die Ihre beruflichen Stärken zusammenfasst.

| Anschreiben | Lebenslauf mit Foto Seite 1 | Lebenslauf Seite 2 | Leistungsbilanz | Arbeitszeugnis des vorherigen Arbeitgebers | Arbeitszeugnis des vorvorherigen Arbeitgebers |
| Ausbildungs- abschluss oder Studienabschluss | Weiterbildungs- zertifikat 1 | Weiterbildungs- zertifikat 2 | Weiterbildungs- zertifikat 3 | Weiterbildungs- zertifikat 4 | |

Die klassische Zusammenstellung mit Fortbildung/Umschulung

Häufig kommt es vor, dass sich Bewerber beruflich neu orientiert haben, beispielsweise durch eine Umschulung oder Fortbildung zur Personalfachkauffrau, zum Techniker, zum Meister oder zur technischen Betriebswirtin. Diese Neuorientierung muss natürlich auffallen. Sie dürfen die entsprechenden Nachweise also nicht zu den Seminarbestätigungen ans Ende der Mappe legen, damit diese wichtigen Dokumente nicht übersehen werden. Ordnen Sie Fortbildungsabschlüsse oder Umschulungszertifikate zeitlich ein. Orientieren Sie sich dabei an der folgenden Abbildung

Anschreiben	Lebenslauf mit Foto Seite 1	Lebenslauf Seite 2	Leistungsbilanz	Arbeitszeugnis des vorherigen Arbeitgebers	Fortbildungs- oder Umschulungs- nachweis
Arbeitszeugnis des vorvorherigen Arbeitgebers	Ausbildungs- abschluss oder Studienabschluss	Weiterbildungs- zertifikat 1	Weiterbildungs- zertifikat 2	Weiterbildungs- zertifikat 3	Weiterbildungs- zertifikat 4

Variation mit Deckblatt vor dem Anschreiben

Weitere Variationsmöglichkeiten für die Zusammenstellung Ihrer Bewerbungsunterlagen erhalten Sie, wenn Sie ein zusätzliches Deckblatt verwenden wie in der folgenden Abbildung. Dieses Deckblatt können Sie ganz nach vorne stellen, womit Sie eine Art individuelles Titelblatt für Ihre Bewerbungsmappe erreichen. Sie können das Deckblatt auch mit Ihrem Bewerbungsfoto schmücken. Dies eröffnet Ihnen zum Beispiel die Möglichkeit, ein etwas größeres Foto zu verwenden. Schreiben Sie auf dem Deckblatt nicht bloß »Bewerbungsunterlagen von …«, sonst wirkt Ihre Bewerbung wenig passgenau. Geben Sie auf dem Deckblatt die genaue Position an, auf die Sie sich bewerben, siehe die »Muster Deckblatt 1« und »Deckblatt 2«. Es bietet sich an, auch Ihre Kontaktdaten aufzuführen. Verzichten Sie aber nicht darauf, diese Daten auf dem Anschreiben und dem Lebenslauf erneut zu vermerken.

Deckblatt mit Foto	Anschreiben	Lebenslauf ohne Foto Seite 1	Lebenslauf Seite 2	Arbeitszeugnis des vorherigen Arbeitgebers	Arbeitszeugnis des vorvorherigen Arbeitgebers

Muster Deckblatt 1

Frauke Schön
Goetheplatz 6
71034 Böblingen
Tel. 07031 – 1211221
E-Mail: F.Schön@aol.de

Bewerbung als Gruppenleiterin Controlling
bei der Automotive GmbH

Muster Deckblatt 2

Bewerbungsunterlagen für die PD-Marketing GmbH

Stefan Rickmehrs
Wilstorfer Straße 71
22045 Hamburg

Position:
Marketingleiter

Tel.: 040 1233234
Mobil: 0178 1253234
E-Mail: stefan.rickmehrs@online.de

Variation mit Deckblatt
nach dem Anschreiben

Statt als Titelblatt für Ihre gesamte Mappe können Sie das
Deckblatt auch nach dem Anschreiben einsortieren. Das
Deckblatt ist dann die Einleitungsseite zum Lebenslauf.

Anschreiben	Deckblatt mit Foto	Lebenslauf ohne Foto Seite 1	Lebenslauf Seite 2	Arbeitszeugnis des vorherigen Arbeitgebers	Arbeitszeugnis des vorvorherigen Arbeitgebers

Variation mit Anlagenverzeichnis

Bei sehr umfangreichen Anlagen bietet es sich an, ein Anlagenverzeichnis zu erstellen, damit der Überblick gewahrt bleibt. Auf dem Anschreiben ist in der Regel zu wenig Platz dafür, weshalb dort der bloße Vermerk »Anlagen« ausreicht. Ein ausführliches Anlagenverzeichnis kann jedoch als separates Blatt an den Lebenslauf anschließen, um dem Leser die Orientierung in umfangreichen Unterlagen zu erleichtern. Unser »Muster Anlagenverzeichnis« zeigt Ihnen einen möglichen Aufbau dieser Extraseite.

Anschreiben	Deckblatt mit Foto	Lebenslauf ohne Foto Seite 1	Lebenslauf Seite 2	Anlagenverzeichnis	Arbeitszeugnis des vorherigen Arbeitgebers

Muster Anlagenverzeichnis

Bedenken Sie bei der Erstellung Ihrer Bewerbungsmappe aber immer, dass Sie wirklich nur Unterlagen einsortieren, die für eine Einstellungsentscheidung relevant sind, und ihre Mappe nicht unnötig aufblähen.

ANLAGENVERZEICHNIS

Arbeitszeugnisse
- Baustoffzentrum GmbH & Co. KG
- Call-Center GmbH
- Versandhandelsgesellschaft mbH

Zeugnisse über Ausbildung
- Ausbildungszeugnis Bürokaufmann

Weiterbildungszertifikate
- Gefahrgüter transportieren
- Reklamationen am Telefon
- Verkaufs- und Beratungsgespräche
- Lagerwirtschaft in der Praxis

Checkliste: Vollständigkeit der Unterlagen

○ Enthält Ihre Bewerbungsmappe zumindest das Anschreiben, den Lebenslauf, das Bewerbungsfoto (kein Muss, AGG) und ein Zeugnis über den berufsqualifizierenden Abschluss?

○ Haben Sie ein Zwischenzeugnis (kein Muss) und die Arbeitszeugnisse früherer Arbeitgeber beigelegt?

○ Möchten Sie Referenzen von Fürsprechern beilegen (kein Muss)?

○ Haben Sie eine Leistungsbilanz ausgearbeitet (kein Muss)?

○ Falls Sie sich für ein Deckblatt entschieden haben: Haben Sie es auf die angeschriebene Firma und die ausgeschriebene Position zugeschnitten?

○ Haben Sie die Weiterbildungszertifikate ausgewählt, die für die ausgeschriebene Position wichtig sind? Denken Sie nicht nur an Bestätigungen über fachliche Weiterbildungen, sondern auch über Trainings im Bereich Soft Skills (Verhandlungsführung, Präsentieren, Rhetorik, Moderation).

○ Liegen Nachweise über Umschulungen oder Fortbildungen bei?

○ Ist die Reihenfolge Ihrer Anlagen korrekt, und sind sie insgesamt stimmig und aussagekräftig?

○ Wenn Sie sehr umfangreiche Anlagen haben: Haben Sie ein Anlagenverzeichnis erstellt?

○ Verwenden Sie für Anschreiben und Lebenslauf die gleiche Papiersorte?

○ Sind die beigefügten Kopien von einer guten Qualität?

Nachfass-Mail oder Anruf: Wann sollten Sie nachhaken?

Wann man sich bei Ihnen meldet, hängt von dem jeweiligen Unternehmen oder der beauftragten Personalberatung ab. In manchen Unternehmen werden die Bewerbungen erst einmal gesammelt, bevor es an die Auswertung geht. Andere wiederum beginnen sofort mit der Auswertung, um interessante Kandidaten schnellstmöglich kontaktieren zu können. Wenn auf Ihre Bewerbung zu lange keine Reaktion kommt, sollten Sie selbst aktiv werden und sich in Erinnerung bringen.

Mithilfe unserer Profil-Methode® haben Sie passgenaue, stärkenorientierte und glaubwürdige Anschreiben und Lebensläufe erstellt und können diese nun an die Personalabteilungen versenden – Sie sind Ihrem Ziel also ein gutes Stück nähergekommen. Und was passiert nun? Es wäre doch schade, wenn Sie nach diesem guten Start einbrechen würden! Legen Sie deshalb nach dem Versand Ihrer Bewerbungsmappe die Hände nicht in den Schoß: Bleiben Sie am Ball!

Nachfassaktionen

Dies können Sie beispielsweise mit einer Nachfass-Mail oder einem Anruf in der Personalabteilung beziehungsweise bei der externen Personalberatung tun. Wenn Sie selbst Kontakt zu Firmenvertretern oder Personalberatern aufnehmen, sollten Sie immer bedenken, dass das Bewerbungsverfahren noch läuft und dass Sie mit einem an der Entscheidung Beteiligten telefonieren. Bleiben Sie deshalb freundlich, und treten Sie auch beim Nachhaken per E-Mail oder Telefon souverän auf. Manche Firmen und Personalberatungen werden Verständnis für Ihren Informationsbedarf haben, andere dagegen werden eher kühl reagieren und sich keine weiteren Auskünfte entlocken lassen.

Beschränken Sie sich auf formale Fragen

Bei Ihren Nachfassaktionen ist Sensibilität gefragt. Haben Sie nach circa zwei bis vier Wochen noch nichts vom Unternehmen oder von der externen Personalberatung gehört, sollten Sie sich mit formalen Fragen zum weiteren Fortgang in Erinnerung bringen. Auch wenn Sie bei Ihrer Stellensuche

unter starkem Druck stehen: Bringen Sie sich in Erinnerung, ohne aufdringlich zu wirken. So mancher hat sich noch beim Nachfassen ins Aus katapultiert! Fragen Sie also lieber nach dem Fortgang des Entscheidungsprozesses in der Firma, beispielsweise so: »Bis wann ist eine Entscheidung geplant?« Es bietet sich natürlich auch an, nach den weiteren Auswahlschritten zu fragen. Dann können Sie sich rechtzeitig auf ein Assessment-Center oder ein Vorstellungsgespräch vorbereiten. Fragen Sie »Welche weiteren Auswahlverfahren sind vorgesehen?« oder »Wie ist der weitere Fortgang? Gibt es bereits eine grobe Terminplanung?«.

Nervenstärke ist gefragt

Die eigentliche Entscheidung darüber, welcher Bewerber wann zu einem Vorstellungsgespräch eingeladen wird, werden Sie natürlich nicht beeinflussen können. Aber Sie können deutlich machen, dass Sie nach wie vor an der Stelle interessiert sind. Manche Anrufer haben dadurch auch schon erreicht, dass ihre Bewerbungsunterlagen noch einmal zur Hand genommen und besonders gründlich überprüft wurden. Mit einem kurzen Anruf verschaffen Sie sich Informationen darüber, wie es im Auswahlverfahren weitergeht. Sie sollten sich dabei jedoch auf Fragen nach dem weiteren Verlauf des Bewerbungsverfahrens beschränken. Denn ganz besonders unangenehm fallen Bewerber auf, die patzig eine Entscheidung einfordern und Druck ausüben wollen. Es würde ein schlechtes Licht auf Ihre Souveränität als Führungskraft werfen, wenn Sie eine Entscheidung erzwingen wollten. Und Sie wissen ja: Noch ist das Verfahren nicht abgeschlossen, und Sie sprechen mit einer beteiligten Person.

Checkliste: Richtig nachhaken

○ Formulieren Sie Ihre Mail oder Ihren Anruf freundlich und souverän?

○ Haben Sie etwa zwei bis vier Wochen mit Ihrer Nachfassaktion gewartet?

○ Fragen Sie nach weiteren Auswahlschritten oder dem Fortgang des Verfahrens?

○ Vermeiden Sie Fragen, die den Angerufenen/Adressaten in Abwehrhaltung bringen könnten?

○ Zeigen Sie mit Ihrem Anruf/Ihrer Mail, dass Sie weiterhin Interesse haben, aber ohne jemanden unter Druck zu setzen?

Telefoninterview: Warum haben Sie sich bei uns beworben?

Telefoninterviews sind kürzere Vorstellungsgespräche, die als erste Reaktion auf überzeugende Bewerbungsunterlagen erfolgen können. In den letzten Jahren ist eine deutliche Zunahme von telefonischen Interviews zu beobachten. Termine für telefonische Interviews lassen sich meist viel schneller als persönliche Treffen vereinbaren, auch die Kosten sind weitaus geringer. Wenn Ihre Unterlagen also überzeugen, sollten Sie sich mit den zentralen Fragen vertraut machen, die Ihnen in einem Telefoninterview gestellt werden.

Mit wem werden Sie telefonieren?

Unterscheiden lassen sich strukturierte Telefoninterviews mit Vertretern der internen Personalabteilung des Unternehmens oder mit externen Personalberatern, die im Auftrag eines Unternehmens tätig sind. Strukturiert meint hier, dass ein vorher festgelegter Fragenkatalog systematisch abgearbeitet wird, beispielsweise zur Motivation des Bewerbers, zu seinen fachlichen, methodischen und sozialen Kernkompetenzen und insbesondere zu seiner kommunikativen Kompetenz. Diese strukturierte Vorgehensweise können üblicherweise nur Personalexperten leisten, daher gibt es an dieser Stelle eher selten Kontakt zu künftigen Fachvorgesetzten oder Mitgliedern der Geschäftsleitung.

Welche Fragen werden Ihnen gestellt?

Die wichtigste Frage im Telefoninterview lautet immer: »Warum haben Sie sich bei uns beworben?« Diese Frage wird manchmal ganz direkt ausgesprochen, aber es gibt auch Umschreibungen dafür. Diese lauten beispielsweise:

→ **»Würden Sie mir bitte kurz Ihre beruflichen Erfahrungen erläutern?«**
→ **»Könnten Sie Ihren Werdegang einmal stichwortartig für mich zusammenfassen?«**
→ **»Würden Sie mir bitte kurz skizzieren, was Sie für die Stelle mitbringen?«**
→ **»Gibt es einen roten Faden in Ihrer beruflichen Entwicklung, der auf die ausgeschriebene Stelle hinführt?«**
→ **»Was sollte ich über Sie wissen?«**

Es gibt auch Firmen, die es Ihnen bereits zu Beginn des Telefoninterviews etwas schwerer machen werden. Wenn es gleich etwas forscher zur Sache geht, werden Sie mit Fragen der folgenden Art konfrontiert, die Sie aber ebenfalls mithilfe Ihrer Selbstpräsentation souverän beantworten werden.

→ **»Was könnten Sie zum künftigen Unternehmenserfolg in Ihrer neuen Position beitragen?«**
→ **»Was reizt Sie an der ausgeschriebenen Stelle?«**
→ **»Was unterscheidet Sie von anderen Bewerbern?«**
→ **»Was erwarten Sie von einer Anstellung bei uns?«**
→ **»Was bieten Sie, was Ihre Mitbewerber nicht bieten?«**

Gemeinsam ist all diesen Fragen, dass die Firmenseite Ihnen im Telefoninterview Raum dafür gibt, Ihr individuelles berufliches Stärkenprofil etwas länger zu erläutern. Sie haben die einmalige Chance, eine Selbsteinschätzung Ihres Könnens zu liefern und so dem Gespräch einen ganz bewussten Informationsinput zu geben, der üblicherweise gerne von der Zuhörerseite aufgegriffen wird. Man wird im Anschluss an Ihre Selbstpräsentation gezielt zu den Aspekten, Erfahrungen oder Projekten nachfragen, die Sie in den Raum gestellt haben. Auf diese Weise entwickelt sich im Idealfall ein erster Dialog zwischen Bewerber und Firma beziehungsweise zwischen Bewerber und Personalberatung, für den Sie das Fundament gelegt haben. Wie dieses Fundament konkret aussieht, liegt also in Ihrer Hand. Eine strategisch überaus wichtige Maßnahme!

Wie bereiten Sie Ihre Selbstpräsentation vor?

In unseren Coachings stellen wir regelmäßig fest, dass die Präsentation von Fachthemen für Führungskräfte zum Arbeitsalltag gehört und ihnen daher meist leichter gelingt. Für eine Präsentation des eigenen Könnens gibt es im Berufsalltag dagegen eher selten Gelegenheiten. Deshalb sind manche Führungskräfte von dieser Aufgabenstellung oft erst einmal überfordert. Daher werden wir Ihnen nun die Struktur und die Kommunikationstricks vorstellen, die Ihnen bei der Vorbereitung Ihrer Selbstpräsentation in Telefoninterviews helfen werden. Hier die Hinweise für die Ausarbeitung einer überzeugenden Selbstpräsentation.

Struktur wählen

Ihre Selbstpräsentation können Sie in drei bis vier Abschnitte unterteilen. Wir empfehlen grundsätzlich, mit den aktuellen Aufgaben Ihrer momentanen Position zu beginnen (Abschnitt eins). Gehen Sie dann – kurz – auf Ihre vorhergehende Stelle ein, insbesondere dann, wenn Sie dort Aufgaben erledigt haben, die von Ihnen auch in der neuen Stelle bearbeitet werden sollen (Abschnitt 2). Dann könnte – ebenfalls sehr kurz – die Grundlage Ihrer beruflichen Entwicklung, beispielsweise ein Studium, eine Berufsausbildung oder eine aktuelle Fortbildung, folgen (Abschnitt 3). Und dann endet Ihre Selbstpräsentation mit einer kurzen Schlusszusammenfassung (Abschnitt 4).

Beschreiben statt bewerten

Mit einer Darstellung der eigenen Fähigkeiten und Kenntnisse tun sich die meisten Menschen sehr schwer, auch Führungskräfte. Dies liegt daran, dass es kaum jemand gewohnt ist, über sich selbst zu sprechen. Wann klingen Formulierungen deutlich übertrieben? Und wann verkaufen Bewerber ihren umfangreichen Erfahrungsschatz womöglich unter Wert? Um diese Probleme zu lösen, können Sie beschreibende Formulierungen in Ihrer Selbstpräsentation einsetzen. Sie werden Ihre Erfahrungen, Ihr Können und Ihre Erfolge sprachlich neutral und daher glaubwürdig darstellen können, wenn Sie Sätze wie die folgenden verwenden, die wir der Praktikabilität halber gleich den einzelnen Abschnitten der Selbstpräsentation zugeordnet haben.

Vier Abschnitte der Selbstpräsentation

Abschnitt 1: Die momentanen Aufgaben
→ »Bei meinem momentanen Arbeitgeber bin ich **zuständig für** …, … und … .«
→ »In meiner jetzigen Position als … bin ich **verantwortlich für** … … und … .«
→ »Ich **nehme** die Aufgaben …, … und … **wahr.**«
→ »Mein komplexes Aufgabengebiet **umfasst** …, … und … .«
→ »Zu meinen aktuellen Aufgaben gehören …, … und … .«

Abschnitt 2: Die vorherigen Aufgaben (mit Bezug zur neuen Stelle)
→ »Ich habe seinerzeit die Aufgaben eines … wahrgenommen.«
→ »Durch **meine Erfolge in den Bereichen** … und … konnte ich zum … aufsteigen.«
→ »Die Beschäftigung mit … und … ermöglichte es mir, meinen Verantwortungsbereich auszuweiten.«
→ »Ich habe damals meinen Vorgesetzen vertreten und die Tätigkeiten … und … verantwortet.«
→ »Gut gefallen hat mir die Möglichkeit, Arbeitsprozesse zu optimieren, und zwar in den Bereichen … und … .«

Abschnitt 3: Die Grundlagen Ihres beruflichen Werdegangs (Studium/Ausbildung/Fortbildung)
→ »Grundlage meines Werdegangs ist mein Studium zum … .«
→ »Nach meinem Studium habe ich den Einstieg in die Industrie über meine Werkstudententätigkeit/als Direkteinstieg/über ein Traineeprogramm geschafft.«
→ »Meine kaufmännische Karriere habe ich mit einer Ausbildung zum … begonnen.«

Abschnitt 4: Zusammenfassung
→ »**Meine Erfahrungen** in …, … und … **möchte** ich nun gebündelt **bei Ihnen in der Position** … **einsetzen.**«
→ »Da ich also – wie skizziert – in den Bereichen …, … und … über sehr umfassende Erfahrungen verfüge, kann ich mir gut vorstellen, bei Ihnen in der Position als … für den gewünschten Schwung zu sorgen.«
→ »So weit mein Werdegang in Stichworten, gerne beantworte ich Ihnen weitere Fragen dazu.«
→ »Abschließend möchte ich betonen, dass ich meine Stärken in den Bereichen …, … und … sehe und auch unter Beweis gestellt habe. Diese Stärken könnten Ihnen bei der Restrukturierung/Sanierung/Optimierung der Abteilung/des Bereiches/des Unternehmens sicherlich nützlich sein.«

Schlagworte und Schlüsselbegriffe einsetzen

Nachdem Sie nun viele nützliche Formulierungen für Ihre Selbstpräsentation kennengelernt haben, fragen Sie sich sicherlich, wie Sie die Platzhalter in den Beispielsätzen mit Inhalt füllen können. Hier empfehlen wir Ihnen, Schlagworte und Schlüsselbegriffe aus Ihrem künftigen Arbeitsbereich einzusetzen. Passende Schlagworte und Schlüsselbegriffe finden Sie unter anderem in der jeweiligen Stellenausschreibung des Unternehmens. Es handelt sich dabei sowohl um die künftigen Tätigkeiten aus dem Tagesgeschäft als auch um besondere Projektaufgaben. Weitere Anregungen für Schlagworte und Schlüsselbegriffe finden Sie in Ihrem Lebenslauf, in Ihren Arbeitszeugnissen, in Stellenausschreibungen anderer Firmen für ähnliche Positionen, in Projektberichten, in Ergebnisprotokollen oder in Ihrem Arbeitsvertrag. Sie werden feststellen, dass Sie mit einer hohen Informationsdichte argumentieren können. Auf diese Weise wird in kurzer Zeit klar – und in Telefoninterviews ist die Zeit eigentlich immer zu knapp –, wie groß Ihr Spektrum an Erfahrungen und Erfolgen ist. Der Vorteil für Sie liegt dabei auf der Hand: Ihre Gesprächspartner können an die von Ihnen gegebenen Informationen anknüpfen und gezielt nachfragen. Damit kommt ein »Informationsaustausch« im besten Sinne des Wortes in Gang.

Motivation deutlich machen

Führungskräfte haben dann Erfolg in Vorstellungsgesprächen, wenn sie nicht nur darüber sprechen, was sie machen oder gemacht haben, sondern auch darüber, was sie gerne machen. Grundsätzlich empfehlen wir, eine Selbstpräsentation nur wohldosiert mit Emotionen zu unterfüttern. Zu starke Emotionen, ganz gleich ob positiv oder negativ, lenken die Entscheider auf der Firmenseite womöglich von den Kernpunkten Ihres beruflichen Profils ab. Aber ohne Begeisterung und Leidenschaft geht es bei Führungskräften auch nicht. Je nach Unternehmenskultur und persönlichen Vorlieben können Sie daher folgende Formulierungen in Ihre Selbstpräsentation einbauen, idealerweise im zweiten oder letzten Drittel Ihrer Kurzvorstellung:

- »Ich schätze die Arbeit in mittelständischen Unternehmen sehr, da ich hier als Vertriebs- und Marketingleiterin die Dinge direkt in Angriff nehmen und voranbringen kann.«
- »Ich habe auch bisher in einem Konzern gearbeitet, bin daher mit den Abstimmungs- und Informationsprozessen vertraut. Es gefällt mir sehr, die fantastischen Ressourcen, die ein Konzern bietet, bei der Optimierung von Logistikkonzepten zu nutzen.«
- »Wichtig ist mir an dieser Stelle noch, darauf hinzuweisen, dass mein Herzblut an den neuen Absatzkonzepten wie Multi-Channel-Systemen, Event-Marketing oder Direktvertrieb mittels E-Mail hängt. Wenn ich sehe, welche Wirkungen hier erreicht werden können, begeistert mich das bei meiner Arbeit geradezu.«

Erfolge betonen

Damit Sie zum Profi in Sachen Erfolgskommunikation werden, sollten Sie bereits in Ihrer Selbstpräsentation auf ausgewählte Erfolge hinweisen. Bewerberinnen und Bewerber, die hier auf Zahlen verweisen können, sind klar im Vorteil. Dies gilt für die Steigerung von Marktanteilen, von Stückzahlen, von Gewinn, von Umsatz oder für die Senkung von Retouren, von Qualitätsmängeln, von Erinnerungs- und Mahnverfahren und von Kosten. Aber auch nicht quantifizierbare Erfolge sorgen für mehr Glanz in Ihrer Selbstpräsentation.

- »Für Sie interessant könnte weiter sein, dass ich mit neuen Produktlinien den Umsatz in den relevanten Zielgruppen um 20 Prozent steigern konnte.«
- »Es wird Sie sicherlich interessieren, dass die von mir durchgeführten Cost-Cutting-Programme für weitaus bessere Deckungsbeiträge gesorgt haben.«
- »Mit der Restrukturierung des Warenwirtschaftssystems konnte ich die Kosten in diesem Bereich um etwa 15 Prozent senken.«
- »Ein wichtiger Erfolg war für mich die Gestaltung der neuen Lizenzverträge einschließlich der dazugehörigen Produktionsverträge. Auf diese Weise konnte ich sicherstellen, dass wir weiterhin qualitativ hochwertige Produkte in hoher Stückzahl im SB-Handel anbieten konnten.«

Wie lassen sich Schnittstellen mit den neuen Aufgaben in der Selbstpräsentation betonen?

Ihre Selbstpräsentation am Telefon entfaltet noch mehr Wirkung bei Ihren Zuhörern, wenn Sie darauf achten, dass Sie sie auf die neue Stelle fokussieren. Wir erleben es in unserer Beratungspraxis häufiger, dass Führungskräfte in einem Coaching zur Vorbereitung auf Vorstellungsgespräche überaus begeistert von den Aufgaben und Herausforderungen sprechen, die sie am aktuellen Arbeitsplatz bewältigen. Dies ist aber immer dann problematisch, wenn die momentanen Aufgaben nicht völlig mit den neuen Aufgaben übereinstimmen. Und eine solche hundertprozentige Übereinstimmung zwischen »heute« und »morgen« gibt es eigentlich nie.

Daher achten wir stark darauf, dass die Schlagworte und Schlüsselbegriffe aus der Stellenausschreibung in die Selbstpräsentation einfließen. Wenn Sie beispielsweise beim momentanen Arbeitgeber im Bereich des Lean Manufacturing gearbeitet haben und dabei die Methoden Kaizen und Kanban eingesetzt haben, der neue Arbeitgeber im Lean Manufacturing aber die Methoden Wertstromanalyse und 5S bevorzugt, dürfen Sie nicht formulieren: »Ich habe die Fertigungssteuerung im Sinne eines Lean Manufacturing optimiert und dabei Kaizen und Kanban eingesetzt.« Taktisch klüger wäre es zu sagen: »Ich habe die Fertigungssteuerung im Sinne eines Lean Manufacturing optimiert und dabei Kaizen und Kanban eingesetzt, die in der Wirkung etwa der Wertstromanalyse oder dem 5S entsprechen.«

Achten Sie auch darauf, mit Ihrer Selbstpräsentation die »Wörterwelt« Ihrer Gesprächspartner zu treffen.

Selbstpräsentation im Telefoninterview

Abschließend nun noch ein Beispiel dafür, wie sich die Frage »Aus welchen Gründen haben Sie sich bei uns beworben?« am Telefon gegenüber einem externen Personalberater überzeugend beantwortet werden kann. Die folgende Selbstpräsentation ist auf Basis der von uns vorgestellten Tipps und Kommunikationstricks erarbeitet worden:

»Für die Stelle der Produktmanagerin bringe ich einige interessante Erfahrungen mit. Seit vier Jahren bin ich bei der Sportartikel GmbH verantwortlich für die Abstimmung der Produktlinien, was sowohl das funktionsorientierte Design sowie die Produktion der türkischen und asiatischen Zulieferbetriebe als auch die Zusammenarbeit mit Vertrieb und Marketing betrifft. In meiner vorhergehenden Stelle gehörten die Konzeption und Umsetzung von Marketingaktivitäten im Outdoor-Bereich zu meinen Hauptaufgaben. Für die Outdoor GmbH habe ich beispielsweise Point-of-Sale-Systeme im Fachhandel realisiert und konnte so nachweisbar deutliche Absatzsteigerungen erreichen. Sowohl bei der Sportartikel GmbH als auch bei der Outdoor GmbH umfasste der Bereich der Reisetätigkeit etwa ein Drittel meiner Arbeitszeit. Mir gefällt es nach wie vor, international zu arbeiten und aktiv daran mitzuwirken, wenn neue Produktlinien geplant und im Markt eingeführt werden. Ich sehe im Bereich der Outdoor-Kleidung und -Accessoires noch deutliche Wachstumschancen, die ich gerne für Ihren Auftraggeber als Produktmanagerin mitgestalten möchte.«

Wenn Sie mit Ihrer Selbstpräsentation am Telefon überzeugen können, haben Sie sich einen deutlichen Vorteil für den weiteren Gesprächsverlauf erarbeitet. Sie sind ab diesem Zeitpunkt als kompetenter Gesprächspartner beziehungsweise kompetente Gesprächspartnerin akzeptiert. Je nach Vorliebe der Mitarbeiter der internen Personalabteilung oder externen Personalberatung werden Ihnen dann noch weitere Fragen gestellt, die sich auf die bereits eingangs vorgestellten sieben Kernkompetenzen beziehen, die Führungskräfte nachweisen müssen (siehe »Strategie: Sieben Kernkompetenzen, die Führungskräfte beweisen müssen«).
Die dazugehörigen Fragen lauten dann beispielsweise:

1. Fragen zur Branchen- und Fachkompetenz
- »In welchen fachlichen Bereichen haben Sie in Ihrer momentanen Stelle etwas dazugelernt?«
- »Welches Fachwissen, glauben Sie, ist für die ausgesprochene Position wichtig?«

2. Fragen zur Lösungskompetenz
- »Würden Sie mir bitte ein Beispiel dafür geben, wie Sie aus einer übergeordneten Unternehmensstrategie passende Teilziele und Maßnahmen entwickelt haben?«
- »Schildern Sie mir bitte ein Problem mit Ihrem Vorgesetzten: Zu welchem Thema hatten Sie eine unterschiedliche Meinung, und wie haben Sie den Konflikt im Arbeitsalltag aufgelöst?«

3. Fragen zur Innovationskompetenz
- »Wie stark sehen Sie sich als Change-Manager Ihres Bereiches?«
- »Was können Führungskräfte dafür tun, damit Mitarbeiter von sich aus Anregungen für Veränderungen geben?«

4. Fragen zur unternehmerischen Kompetenz
- »Was verstehen Sie unter unternehmerischem Handeln, bezogen auf die ausgeschriebene Stelle?«
- »Mit welchen Strategien haben Sie in der Vergangenheit Kosten reduziert?«

5. Fragen zur Führungskompetenz
- »Was bedeutet für Sie Führung?«
- »Was sehen Sie als wichtigste Führungsaufgabe in Ihrem künftigen Führungsbereich?«

6. Fragen zur kommunikativen Kompetenz
- »Wie gehen Sie mit schwierigen Mitarbeitern um?«
- »Was stört Sie an anderen Menschen am meisten?«

7. Fragen zur internationalen Kompetenz
- »Haben Sie Erfahrungen in der Leitung von internationalen Projekten?«
- »Können Sie Kundengespräche auf Englisch führen?«

Wenn Sie bei der Beantwortung dieser – und vieler weiterer – Fragen professionelle Unterstützung wünschen, empfehlen wir Ihnen unseren speziellen Ratgeber »So gewinnen Führungskräfte im Vorstellungsgespräch. Die 220 entscheidenden Fragen und die besten Antworten.« Damit der Lerneffekt für Sie so groß wie möglich ist, stellen wir in dem genannten Ratgeber sowohl 220 ungünstige als auch 220 gelungene Antworten von Führungskräften vor. Und selbstverständlich stellen wir Ihnen weitere Fragen vor, die Sie unbedingt stellen sollten, damit Sie nicht ungewollt eine Stelle bekommen, die eher einem Schleudersitz und weniger einer Führungsaufgabe mit dazugehörigem Gestaltungsspielraum gleicht.

Checkliste: Telefoninterview

○ Haben Sie eine Selbstpräsentation vorbereitet, die Sie in Telefoninterviews einsetzen können?

○ Kennen Sie die Fragen, bei deren Beantwortung Sie Ihre Selbstpräsentation nutzen können?

○ Haben Sie Ihre Selbstpräsentation in Abschnitte unterteilt (die momentanen Aufgaben, die vorherigen Aufgaben, die Grundlagen Ihres Werdegangs, die Zusammenfassung)?

○ Achten Sie darauf, Ihre Erfahrungen und Kenntnisse beschreibend, also möglichst ohne Bewertungen, darzustellen?

○ Setzen Sie in Ihrer Selbstpräsentation bewusst Schlagworte und Schlüsselbegriffe aus dem Arbeitsalltag ein?

○ Enthält Ihre Selbstpräsentation die richtige Dosis Emotion, um Ihre Motivation für berufliche Herausforderungen glaubwürdig zu unterstützen?

○ Nennen Sie ausgewählte Erfolge, damit Ihr Gesprächspartner daran anknüpfen kann?

○ Sind von Ihnen bewusst Schnittstellen zwischen den Aufgaben in der neuen Position und denen in der momentanen Position herausgearbeitet worden?

○ Haben Sie sich mit den sieben Kernkompetenzen, die Führungskräfte beweisen müssen, auseinandergesetzt?

○ Können Sie für jede Kernkompetenz zwei bis drei Belege und Beispiele geben?

○ Haben Sie sich eigene Fragen überlegt, die Sie bereits im Telefoninterview stellen möchten (Größe des Unternehmens, Wachstumskurs, Region, Erwartungen der Geschäftsleitung, Gründe für die Neubesetzung, Gehaltsrahmen)?

Schlusswort: Erfolg durch passgenaue Bewerbungsunterlagen

Ein hartes Stück Arbeit liegt hinter Ihnen, aber: Nachdem Sie sich mit den Strategien, Coachingtipps und Positivbeispielen in diesem Praxisratgeber intensiv auseinandergesetzt haben, hat sich Ihre Chance auf eine Einladung zum Vorstellungsgespräch durch die Ausarbeitung passgenauer Bewerbungsunterlagen deutlich erhöht.

Ihre Führungskompetenz im Vorstellungsgespräch

Jetzt sollten Sie die Zeit bis zum Eintreffen der ersten Einladungen zu einem Vorstellungsgespräch nicht unnötig verstreichen lassen. Schließlich haben Sie den Bewerbungsprozess mit dem Versand Ihrer Bewerbungsunterlagen nicht beendet, sondern gerade erst begonnen. Bringen Sie sich für anstehende Vorstellungsgespräche rechtzeitig in Form. Unser Ratgeber »So gewinnen Führungskräfte im Vorstellungsgespräch. Die 220 entscheidenden Fragen und die besten Antworten« hilft Ihnen dabei, die Gründe für Ihren Wechsel plausibel zu erläutern, Ihre Führungskompetenz optimal in Szene zu setzen, bei Stressfragen nicht die Nerven zu verlieren, im Gehaltspoker gezielt das obere Drittel auszuloten und Ihre individuellen Stärken mit plausiblen Beispielen glaubwürdig darzustellen.

Assessment-Center und Management-Audits

Immer häufiger werden Führungskräfte auch zu Assessment-Centern oder Management-Audits eingeladen. Diese Auswahlverfahren testen ein bis zwei Tage lang, wie Sie im Führungsernstfall agieren. Es werden Meetings simuliert, Präsentationen durchgeführt, Fallstudien analysiert, Persönlichkeits- und Intelligenztests bearbeitet und Kritikgespräche durchgespielt. Damit Sie wissen, was Sie hier erwartet und Sie sich gründlich vorbereiten können, empfehlen wir Ihnen unseren Ratgeber »Assessment-Center-Training für Führungskräfte. Die wichtigsten Übungen – die besten Lösungen«.

Führungskräftecoachings

Wir wissen, dass Sie nicht nur im Job, sondern ebenso im Bewerbungsverfahren Höchstleistungen erbringen müssen. Und dabei unterstützen wir Sie gerne mit unserem Know-how aus rund 20 Jahren Coaching-Erfahrung. Wenn Sie eine persönliche Beratung wünschen, finden Sie unsere Coaching-Angebote für Führungskräfte im Internet unter www.karriereakademie.de. Viele Arbeitgeber übernehmen die Kosten für unsere Beratungen im Rahmen von Abfindungs- oder Outplacement-Vereinbarungen. Nehmen Sie gerne unter team@karriereakademie.de Kontakt mit uns auf, damit wir, wie in unserer Profil-Methode® vorgestellt, in Abstimmung mit Ihnen ein passgenaues, stärkenorientiertes und glaubwürdiges Profil herausarbeiten.

Abschließend wünschen wir Ihnen für Ihren vollen Einsatz den verdienten Bewerbungserfolg!

Christian Püttjer & Uwe Schnierda

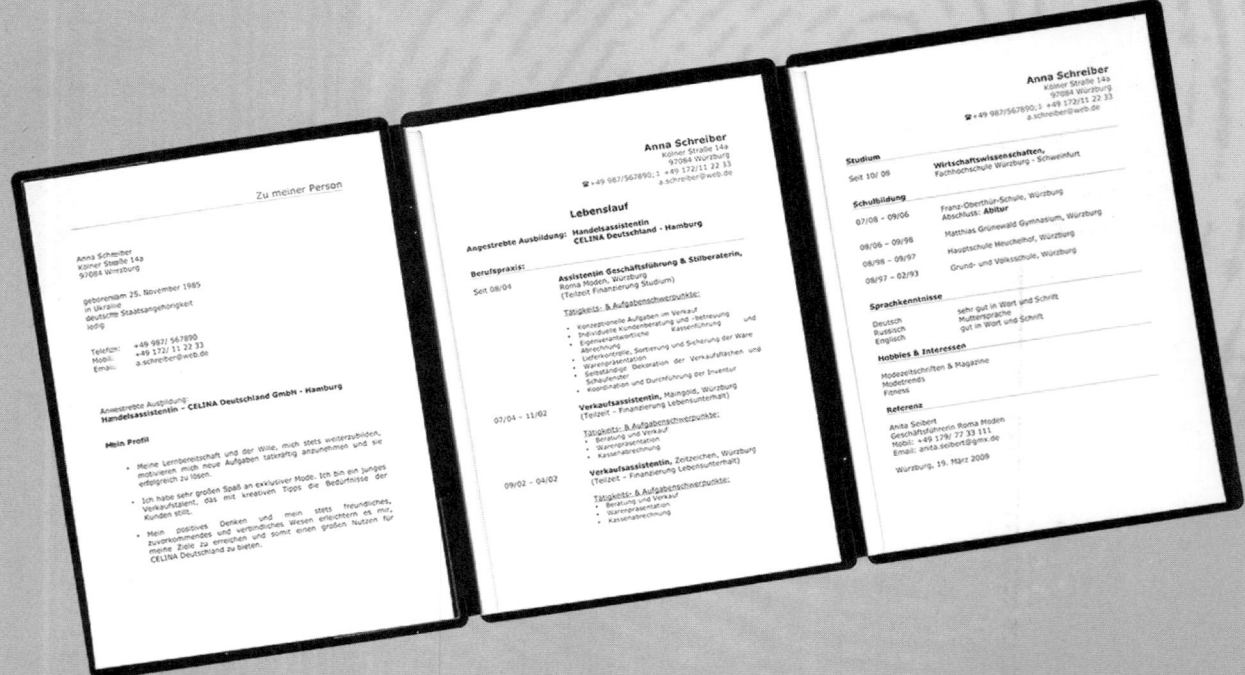